KB189392

Discovery EDUCATION

맛있는 과학

디스커버리 에듀케이션
맛있는 과학-15 빛

1판 1쇄 발행 | 2012. 1. 27.
1판 3쇄 발행 | 2015. 4. 11.

발행처 김영사
발행인 김강유
편집주간 전지운
편집 고영완 문자영 김지아 박은희 김효성 김보민
디자인 김순수 김민혜 윤소라 | **해외저작권** 김소연
마케팅부 이재균 주현욱 강점원 백미숙
제작부 김일환
등록번호 제 406-2003-036호
등록일자 1979. 5. 17.
주소 경기도 파주시 문발로 197(우413-120)
전화 마케팅부 031-955-3100 편집부 031-955-3113~20
팩스 031-955-3111

Photo copyright ⓒ Discovery Education, 2011
Korean copyright ⓒ Gimm-Young Publishers, Inc., Discovery Education Korea Funnybooks, 2012

값은 표지에 있습니다.
ISBN 978-89-349-5449-1 64400
ISBN 978-89-349-5254-1 (세트)

좋은 독자가 좋은 책을 만듭니다.
김영사는 독자 여러분의 의견에 항상 귀 기울이고 있습니다.
독자의견전화 031-955-3139
전자우편 book@gimmyoung.com
홈페이지 www.gimmyoungjr.com | 어린이들의 책놀이터 cafe.naver.com/gimmyoungjr

최고의 어린이 과학 콘텐츠

디스커버리 에듀케이션 정식 계약판!

Discovery EDUCATION

맛있는 과학

15 | 빛

김지윤 글 | 김재희 그림 | 류지윤 외 감수

주니어김영사

차례

1. 세상을 비추는 빛

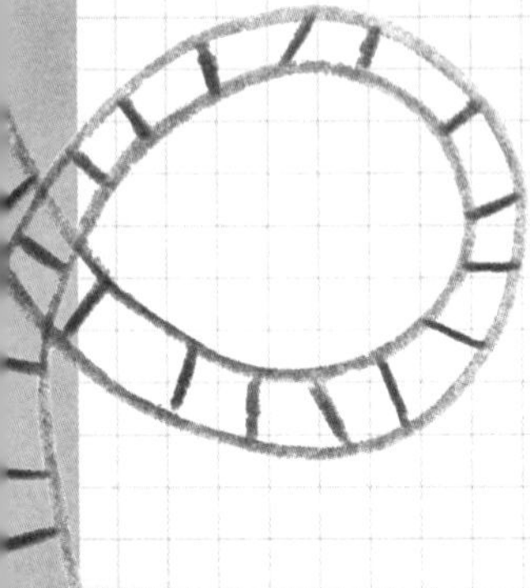

2. 빛의 성질

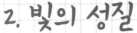

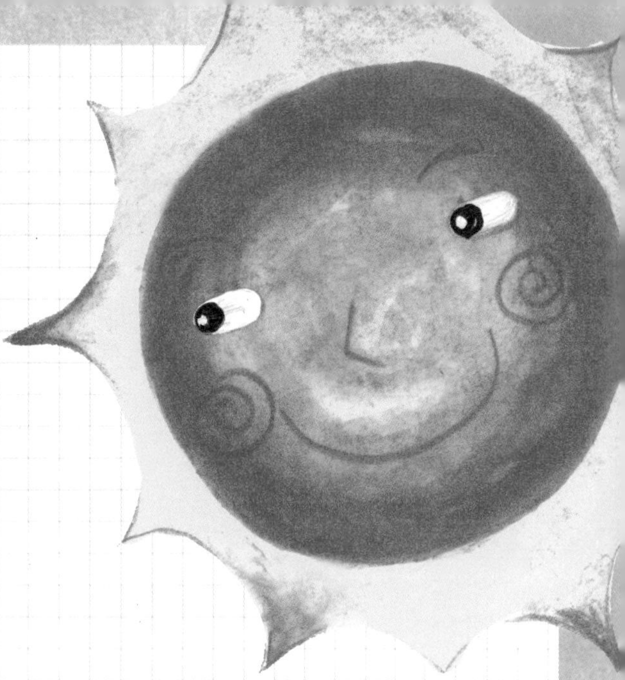

3. 빛과 환경

4. 우리 생활 속의 빛

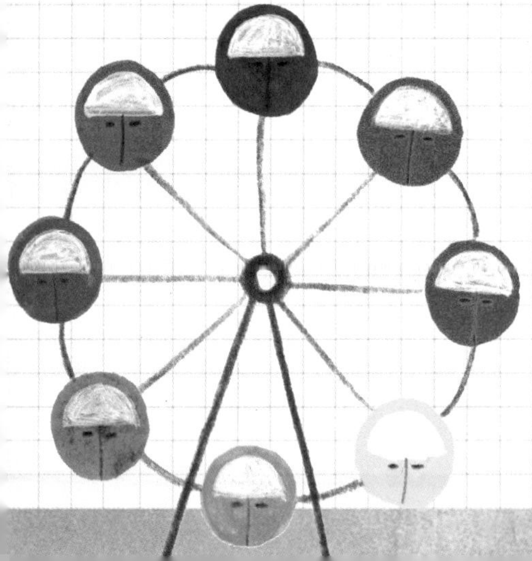

관련 교과

초등 3학년 2학기 **4. 빛과 그림자**
초등 6학년 1학기 **1. 빛**
중학교 2학년 **5. 빛과 파동**

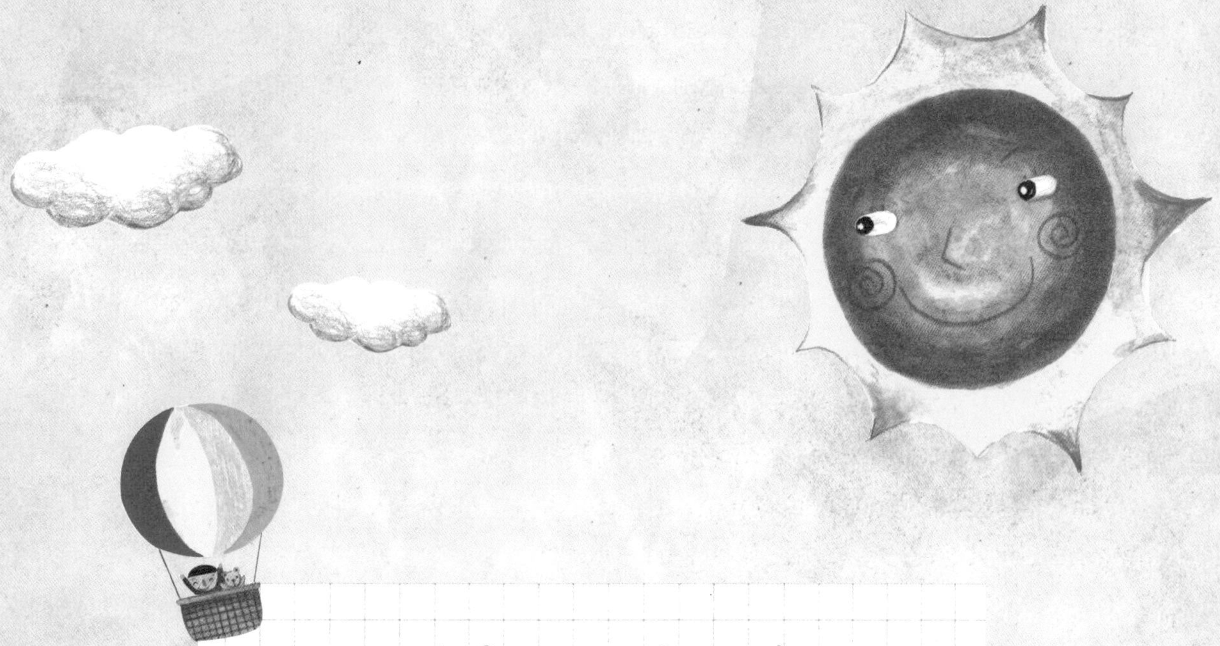

1. 세상을 비추는 빛

우리가 사물을 볼 수 있는 것은 모두 빛이 있기 때문입니다. 빛은 어둠을 밝혀 주고 무지개를 보여 주고 그림자가 생기게 하지요. 빛이 있어 푸른 하늘도, 하얀 구름도, 봄에 돋아난 새싹의 고운 연둣빛도 볼 수 있어요. 나무나 구름의 생김새, 우리가 사용하는 물건의 모양, 사랑하는 가족의 얼굴을 볼 수 있는 것도 빛이 있기 때문입니다. 그렇다면 빛이란 무엇일까요?

빛은 무엇일까요?

빛이 무엇인지 알려면 빛이 어디에서 오는지 살펴봐야 해요. 빛은 어디에서 오나요? 우선 태양을 꼽을 수 있지요. 태양은 지구에 빛을 비추어 주고 지구의 모든 생물이 살아갈 수 있게 해 줍니다.

다양한 빛

태양 외에도 빛을 비추는 것은 또 있어요. 햇빛이 비치지 않을 때 어두운 곳을 밝히려고 사람들이 만들어 낸 빛이 대표적입니다. 형광등, 촛불, 가로

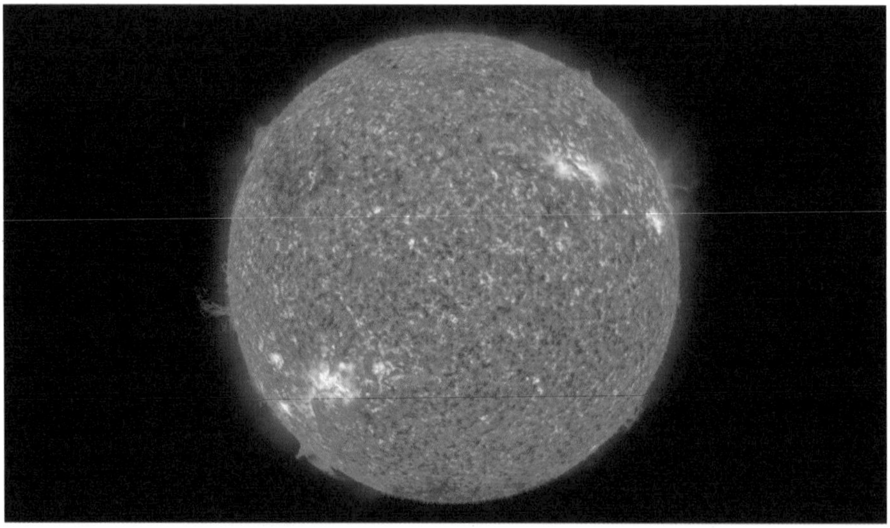

지구를 비추어 주는 대표적인 광원으로 태양을 들 수 있다.

형광등, 텔레비전 화면, 컴퓨터 모니터 등은 사람이 만들어 낸 빛이다.

등이 그에 해당된답니다. 컴퓨터 모니터나 텔레비전 화면도 빛을 내지요.

태양처럼 스스로 빛을 만들어 내는 것도 있고, 형광등·텔레비전·컴퓨터 모니터처럼 사람이 빛을 내기 위해 인공적으로 만든 것들도 있답니다. 태양같이 스스로 빛을 내는 물체를 광원이라고 하며, 다른 말로 발광체라고도 해요. 사람이나 동물의 눈에 빛이 들어오면 사물이나 풍경의 색깔, 모양, 움직임을 알아볼 수 있게 되지요.

이렇게 태양이나 전구 같은 광원에서 나와 어둠을 밝혀 볼 수 있게 해 주는 것이 빛입니다. 하지만 우리 눈에 보이는 것이 빛의 전부는 아니에요. 우리가 볼 수 있는 밝은 빛뿐만 아니라 눈에 보이지 않는 빛들도 있습니다.

우리가 평소에 말하는 빛이란 사람이 눈으로 볼 수 있는 빛을 말하지만, 과학에서는 눈에 보이지 않는 자외선, 적외선, X선까지도 빛이라고 합니다.

TIP 요건 몰랐지?

모든 별은 광원일까요?

행성과 위성은 태양 빛을 반사할 뿐 스스로 빛을 내지는 못한다.

광원은 스스로 빛을 내는 물체라고 했어요. 광원에는 별이 포함되어 있는데, 그렇다면 모든 별은 빛을 내는 광원일까요? 밤하늘의 별이 반짝이기는 하지만 모든 별이 스스로 빛을 내지는 않습니다. 스스로 빛을 내는 별을 항성이라고 해요. 이런 별들은 매우 뜨거운데, 표면 온도가 수천 도 이상이랍니다. 태양처럼 말이지요.

금성은 유난히 밝게 빛나는 별이라고 해서 샛별이라고 부릅니다. 하지만 샛별은 태양처럼 스스로 빛을 내는 별이 아닙니다. 그러면 왜 우리 눈에는 반짝이는 것으로 보일까요? 금성은 태양에서 오는 빛을 받아 반사합니다. 그 반사한 빛이 지구까지 도착해 우리 눈에 보이는 것입니다. 그래서 우리 눈에는 금성이 반짝이는 것으로 보이지만, 실제로 금성은 빛을 내지 않습니다. 항성의 주위를 도는 금성이나 지구, 화성과 같은 별은 행성이라고 합니다.

어두운 밤을 환하게 비추어 주는 것 중에는 달빛도 있지요? 하지만 달도 스스로 빛을 내어 밤하늘을 밝히는 것이 아니라 태양에서 오는 빛을 반사해 빛을 내는 것입니다. 달과 같이 행성의 주위를 도는 별을 위성이라고 하지요. 태양과 달리 스스로 빛을 내지 못하는 달과 같은 위성이나 지구·화성·금성과 같은 행성은 광원이 아니랍니다.

보이는 빛과 보이지 않는 빛

빛은 크게 눈에 보이는 빛과 보이지 않는 빛으로 나뉩니다. 왜 어떤 빛은 눈에 보이는데 어떤 빛은 눈에 보이지 않을까요?

파장

파동을 관찰했을 때 골과 골, 혹은 마루와 마루 사이의 거리를 파장이라고 해요.

보이는 빛

빛이 비칠 때, 빛은 마치 물결처럼 퍼져 나간답니다. 이러한 빛의 성질을 빛의 파동이라고 해요. 태양이나 촛불, 전구 같은 여러 광원에서 빛이 나올 때 한 가지 빛만이 아니라 여러 빛이 같이 나온답니다. 그중 어떤 빛은 파장

■ **파동과 파장**

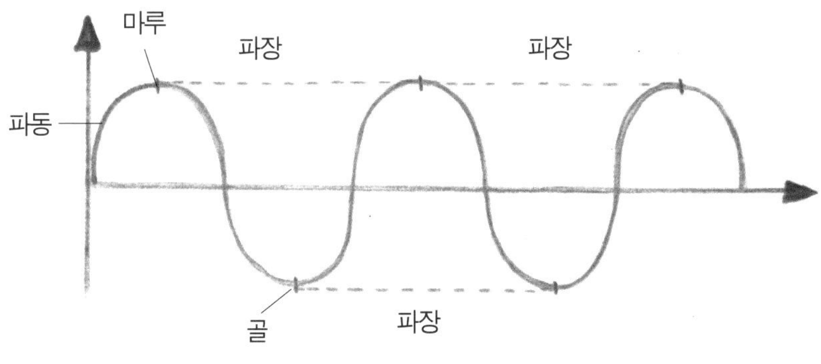

이 길고 어떤 빛은 파장이 짧아요. 빛은 종류에 따라 다른 파장을 갖습니다.

이 중에 사람이 볼 수 있는 빛은 가시광선입니다. 가시광선만이 사람이 눈으로 볼 수 있는 파장을 지녔기 때문입니다. 다른 빛들은 모두 사람의 눈에 보이지 않아요. 파장이 너무 길거나 너무 짧기 때문이지요. 가시광선의 '가시(可視)'가 '볼 수 있다'는 뜻입니다.

햇빛을 맨눈으로 보면 색이 없는 것처럼 보이지만 프리즘을 통과하면 일곱 빛깔 무지개 색으로 나뉘지요? 빨강, 주황, 노랑, 초록, 파랑, 남색, 보라의 빛깔을 지닌 이 빛이 바로 가시광선입니다. 이 중에 빨간색의 파장이 제일 길고, 보라색으로 갈수록 파장이 짧습니다.

그리고 눈에 보이지 않는 자외선·X선·감마선은 가시광선보다 파장이 짧은 빛들이고, 적외선·마이크로파 같은 빛들은 가시광선보다 파장이 깁니다.

■ 파장에 따른 빛의 분류

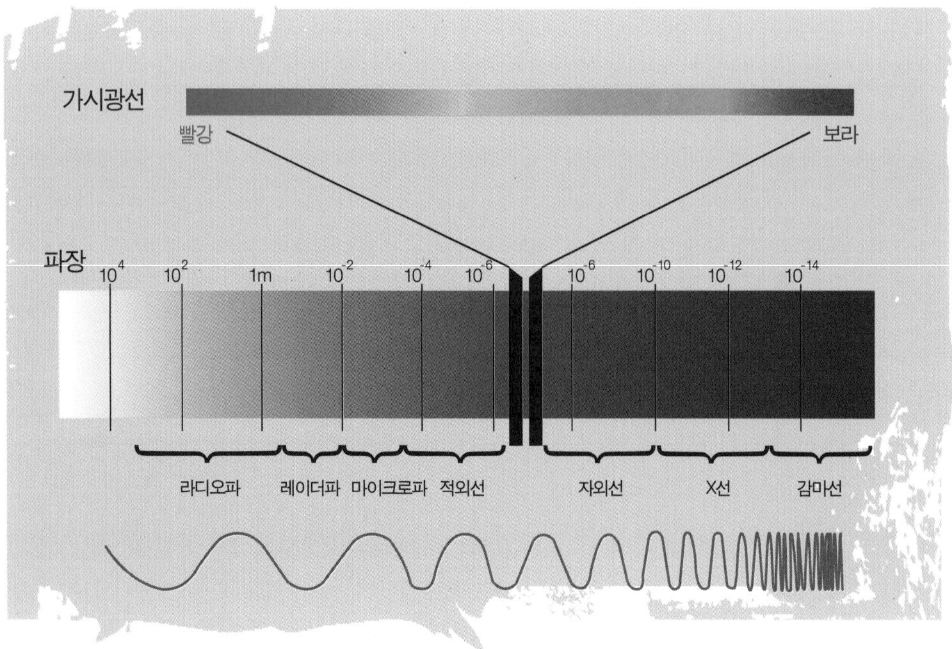

그런데 물결처럼 퍼져 나가는 빛이 왜 우리 눈에는 똑바로 움직이는 것처럼 보일까요? 빛의 파장이 짧기 때문입니다. 빨간색 빛의 파장은 보라색 빛보다 더 길다는 차이는 있지만 가시광선 전체의 파장은 똑바로 가는 것처럼 보일 만큼 아주 짧답니다.

그렇다면 눈에 보이는 가시광선의 일곱 빛깔은 왜 우리 눈에 대부분 하얗게 보일까요? 빛은 물감과는 달리 모든 색을 섞으면 흰색이 되는 특징이 있습니다. 물감은 모든 색을 섞으면 검정색이 되지만, 빛은 색을 많이 섞을수록 밝은색을 띠게 된답니다. 조명을 많이 비출수록 더 환하게 보이는 것처럼 말이에요. 태양에서 나오는 빛의 경우도, 모든 색의 빛이 섞여서 나오기 때문에 흰색처럼 보이는 것입니다.

프리즘을 통하면
가시광선의 색깔을 쉽게
확인할 수 있어.

무지개는 빛에 여러 색이 섞여 있다는 사실을 잘 보여 준다.

흰색으로 보이는 빛에 사실은 여러 색이 섞여 있다는 것을 알 수 있는 경우가 있습니다. 비가 오고 난 뒤 해가 날 때이지요. 공기 중에 떠 있는 물방울이 햇빛을 분산하면 무지개가 뜹니다. 이 무지개를 통해서 우리는 빛의 여러 가지 색을 관찰할 수 있습니다.

보이지 않는 빛

적외선

가시광선의 빨간색 빛보다 더 긴 파장을 갖는 빛이에요. 적외선 사진, 적외선 통신, 의료 등에 사용합니다.

적외선은 우리 눈에 보이지는 않지만 많이 쓰이는 빛입니다. 이비인후과나 안과에 가면 빨간 빛을 쏘아 치료받을 때가 있습니다. 이때 사용되는 빛이 바로 적외선입니다. 적외선은 소독, 멸균 작용을 하기 때문에 염증이 생긴 부위에 쪼여 주면 효과를 볼 수 있습니다. 또 가짜 지폐를 가려내는 데도 적외선을 사용합니다.

마이크로파는 전자레인지로 음식을 데울 때에 쓰입니다. 전자레인지에 쓰이는 마이크로파는 불을 사용하지 않고 빠른 시간에 조리할 수 있게 해 줍니다.

우리가 텔레비전을 보고 라디오를 들을 수 있게 해 주는 파장을 지닌 빛들도 있습니다. 이것을 전파 또는 방송파라고 합니다.

자외선

가시광선보다 짧은 파장을 가진 빛으로 눈에 보이지 않아요. 사람의 피부를 태우거나 살균 작용을 하지요. 자외선은 생명체에 해로운 영향을 끼치는데, 대기권에서 태양의 자외선을 차단해 주는 오존층이 점점 파괴되고 있어 문제가 되고 있습니다.

자외선은 가시광선의 보라색 빛보다 조금 짧은 파장을 가진 빛으로서 사람에게 해를 입힐 수 있습니다. 여러분도 자외선 차단제라는 말을 들어 본 적이 있지요? 오랜 시간 자외선에 노출되면 피부가 빨리 늙게 되고 피부암에 걸릴 수도 있기 때문에 자외선을 직접 받지

마이크로파는
전자레인지뿐만 아니라
위성 통신, 레이더,
속도 측정기에도 이용돼.

전자레인지는 마이크로파를 이용하여 음식을 데운다.

빌헬름 뢴트겐
Wilhelm Röntgen,
1845~1923

독일의 물리학자로 X선을 발견했어요. X선을 발견한 공로로 노벨 물리학상을 수상했는데, 이는 최초의 노벨 물리학상이었답니다.

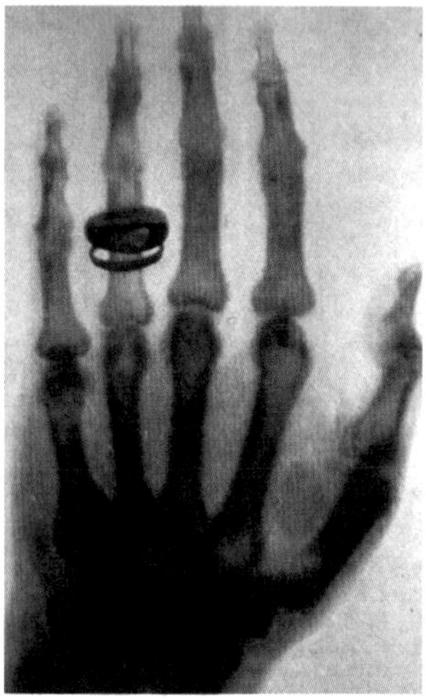
뢴트겐이 X선으로 촬영한 아내의 손뼈.

않기 위해 자외선 차단제를 바릅니다. 자외선은 보라색 빛의 바깥쪽에 있기 때문에 영어로 UV(ultraviolet ray)라고 합니다.

자외선보다 파장이 더 짧은 X선이 있습니다. 병원에 가면 X선 촬영이라는 것을 하는데, 이 X선은 몸속의 뼈를 촬영할 수 있는 빛입니다. 1895년 빌헬름 뢴트겐이라는 과학자가 X선을 발견했어요. 처음 발견했을 때는 모르는 빛이라는 뜻에서 X선이라는 이름을 붙였지요. 뢴트겐은 아내의 손뼈를 촬영했고 이것으로 노벨상을 받았습니다. X선은 여러 분야에 많은 영향을 끼쳤습니다. 의학 분야에서는 사람의 몸속을 촬영할 수 있게 해 주어서 많은 의학적 발전을 이루었지요. 과학 분야에서도 X선 외에 다른 빛들을 발견하는 데 도움을 주었답니다.

TIP 요건 몰랐지?

보이지 않는 빛은 어떻게 알아냈을까요?

영국의 물리학자 맥스웰. 전자기학 분야에서 많은 업적을 남겼다.

1802년 윌리엄 허셜은 태양 빛의 스펙트럼에서 빨간색 바깥을 지난 곳의 온도가 계속 높아지는 것을 발견했습니다. 그 이유를 1830년경에 멜로니가 알아냈습니다. 눈에 보이지는 않지만 빨간색 바깥에도 빛이 있기 때문이며, 이 빛도 가시광선처럼 반사하고 굴절하기 때문이었습니다. 1801년 독일의 리터는 보라색을 넘어선 곳에도 보이지 않는 빛이 있어 사진기에 무언가 찍힌다는 것을 알아냈습니다. 결국 1881년 랭글리가 빛을 파장에 따라 분리할 수 있는 스펙트럼 분광기를 개발했고, 이 빛들이 적외선과 자외선이라는 것을 밝혀냈습니다. 이후 독일의 뢴트겐이 X선을 발견했고 프랑스의 베크렐과 폴란드의 퀴리 부부가 방사선을 발견했지요.

이로써 보이는 빛보다 보이지 않는 빛이 더 많다는 사실이 밝혀졌습니다.

1864년에 맥스웰은 빛에서 전기마당(전기장)과 자기마당(자기장)이 규칙적으로 바뀌면서 파동이 일어난다는 것을 발견했습니다. 이를 전자기파라고 하며, 준말로 전자파라고도 합니다. 마이크로파, 자외선, 가시광선, 적외선, X선, 감마선 등이 모두 전자기파입니다. 빛은 결국 전자기파라고 할 수 있습니다.

TIP 요건 몰랐지?

방사선을 발견한 퀴리 부인

프랑스의 물리학자 마리 퀴리. 폴란드에서 태어났으나 1895년 남편 피에르 퀴리와 결혼하여 프랑스 국적을 취득했다. 방사성 원소에 관한 연구로 1903년에 노벨상을 수상했다.

퀴리 부인은 1898년 우라늄 같은 광물에서 방사성 물질을 분리하는 데 성공했습니다. 이 성공으로 그녀는 여성으로서는 최초로 노벨상을 받았지요.

원자는 불안정할 때 안정된 상태가 되기 위해서 조금씩 변하는데, 이때 나오는 짧은 파장의 전자기파가 바로 방사선입니다. 방사선을 많이 쪼인 생물은 몸 안의 세포에서 변형이 일어나요. 그렇기 때문에 사람에게 좋지 않은 빛으로 인식되어 있습니다.

하지만 방사선은 우리에게 도움을 주는 물질이기도 합니다. 아주 적은 양의 방사선은 살균력이 있어서 세제 대신 살균하는 데에 사용할 수 있습니다. 오랜 기간 보관해야 하는 물질도 적은 양의 방사선을 이용하면 손쉽게 보관할 수 있습니다. 또 암과 같은 병에 걸렸을 때에는 수술을 해서 세균을 일일이 죽이지 않고, 방사선을 이용해서 치료하거나 암이 있는 부위를 촬영할 수 있어요.

빛은 얼마나 빠를까요?

빛은 광원에서 나옵니다. 분수를 생각해 봅시다. 분수대 가운데에서 뿜어져 나온 물은 바깥쪽으로 떨어져요. 물이 뿜어져 나오기 시작해서 바깥으로 떨어질 때까지 얼마 동안의 시간이 걸립니다.

빛도 마찬가지입니다. 광원에서 출발하면 다른 곳에 도착할 때까지 시간이 걸려요. 하지만 우리는 그 시간을 전혀 느낄 수 없습니다. 그것은 빛의 속도가 매우 빠르기 때문입니다.

빛의 속도는 3×10m/s입니다. 이 말은 빛이 1초에 3억 m 갈 수 있다는 뜻입니다. 1초에 3억 m갈 수 있다는 것은 1초에 30만 ㎞를 갈 수 있다는 뜻이고, 지구를 일곱 바퀴 반 도는 데 1초밖에 안 걸린다는 말이지요. 정말 상상을 초월할 만큼 빠르지요? 우리는 100m를 달리는 데도 20초 정도 걸리는데 말이에요.

그런데 빛이 항상 그 속도를 유지할 수는 없어요. 바로 우주와 같은 진공 상태에서만 1초에 30만 ㎞를 갈 수 있거든요.

빛은 진공 상태일 때 속도가 가장 빠르고 공간을 채우는 입자 수가 많아질수록 속도가 점점 느려집니다. 빛이 지나가는 길을 입자가 자꾸 가로막기 때문이에요. 우리가 달리기를 할 때도 장애물이 없어야 더 빨리 달릴 수 있는 것과 같은 원리입니다.

진공

아무것도, 심지어 공기도 없는 공간을 말해요. 하지만 실제로 완벽한 진공 상태는 사람의 힘으로 만들 수 없답니다.

지금 우리가 사는 지구는 공기로 가득 차 있기 때문에 지구에서 빛의 속도는 0.03% 정도 느려집니다. 공기 중에서 빛은 1초에 29만 ㎞를 갈 수 있지요. 우주에서보다는 느려도 빛은 정말 빠르지요?

Q&A 꼭 알고 넘어가자!

문제 1 빛은 무엇일까요? 빛에 대해 설명하고, 빛의 종류에 대해서도 말해 봅시다.

문제 2 어떤 빛은 눈에 보이고, 또 어떤 빛은 눈에 보이지 않습니다. 왜 그럴까요?

3. 우리 생활에 많이 쓰이는 보이지 않는 빛으로는 적외선, 마이크로파, X선 등이 있어요. 적외선은 이비인후과나 안과에서 쓰입니다. 소독, 멸균 작용을 하기 때문에 염증이 생긴 부위에 쪼이면 효과를 볼 수 있어요. 또 가짜 지폐를 가려내는 데도 사용됩니다. 마이크로파는 전자레인지로 음식을 데울 때 쓰입니다. X선은 병원에서 사람의 몸속에 있는 뼈를 촬영할 때 쓰입니다.

문제 3 보이지 않는 빛에는 무엇이 있을까요? 보이지 않는 빛의 종류 세 가지와 그 빛들이 우리 생활에 어떻게 쓰이는지 말해 봅시다.

정답

1. 태양이나 전구 같은 광원에서 나와 어둠을 밝혀 주는 것을 빛이라고 합니다. 태양처럼 스스로 빛을 만들어 내는 것도 있고, 형광등·촛불·가로등·컴퓨터 모니터, 텔레비전의 화면처럼 사람이 빛을 내기 위해 인공적으로 만든 것들도 있습니다.

2. 빛은 물결처럼 퍼져 나갑니다. 이러한 빛의 성질을 빛의 파동이라고 해요. 태양이나 촛불, 전구 같은 여러 광원에서 빛이 나올 때에는 한 가지 빛이 아니라 여러 빛이 함께 나옵니다. 그중 어떤 빛은 파장이 길고, 어떤 빛은 파장이 짧습니다. 이 중에서 사람들이 볼 수 있는 빛은 가시광선입니다. 가시광선만이 사람이 눈으로 볼 수 있는 파장을 지녔기 때문이에요. 다른 빛들은 파장이 너무 길거나 너무 짧아서 사람의 눈에 보이지 않습니다.

관련 교과

초등 3학년 2학기 4. 빛과 그림자
초등 6학년 1학기 1. 빛
중학교 2학년 2. 빛과 파동
중학교 3학년 7. 태양계의 운동

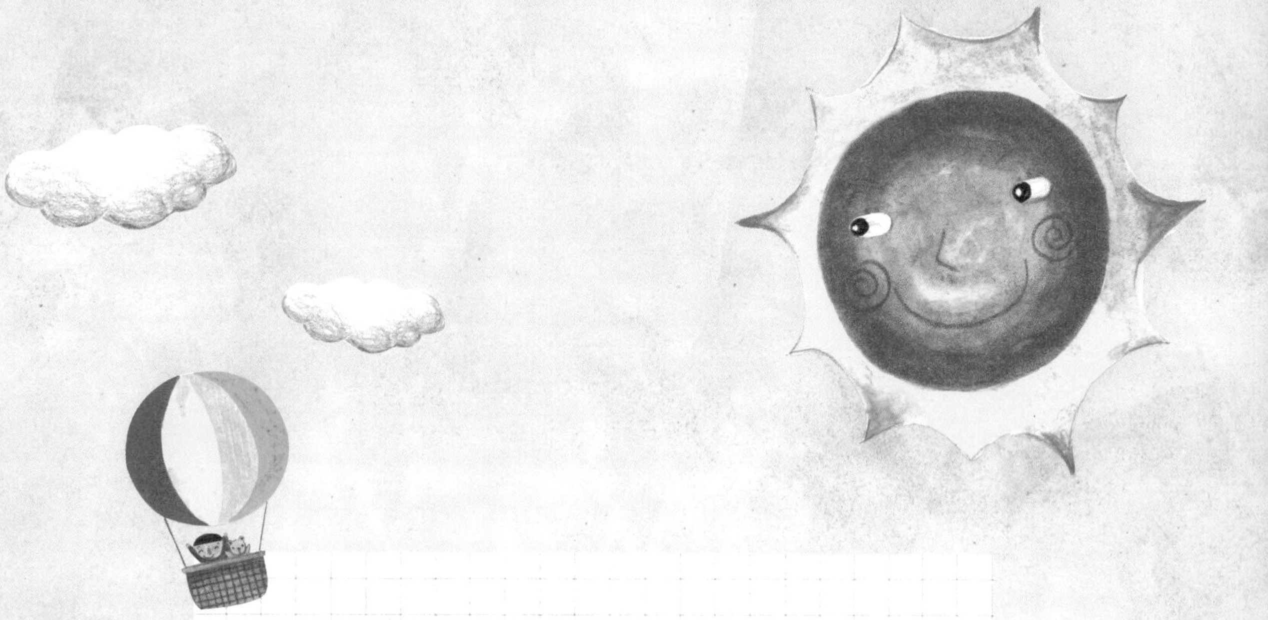

2. 빛의 성질

우주는 온통 어둡고 아무것도 보이지 않습니다. 빛이 없기 때문이지요. 물론 우주에는 별들이 있지만 다 비추기에는 우주가 너무 넓기 때문에 빛이 없는 것과 같아요. 빛이 사라진다면 우리가 사는 세상도 우주처럼 온통 깜깜해져서 밤만 영원히 계속될 것입니다. 그뿐 아니라 풀과 나무도 자라지 못하고, 동물은 먹이를 구할 수 없을 것입니다. 빛이 없으면 우리는 아무것도 볼 수가 없어 손으로 더듬거리며 다녀야 할 거예요. 빛이 있다는 것은 참 다행한 일이지요?

빛은 직진해요

곧게 뻗는 빛

구름 사이로 햇빛이 쏟아지는 모습을 본 적이 있나요? 햇빛이 마치 레이저 쇼를 하는 것처럼 곧게 퍼져 나가요. 이것은 빛의 중요한 성질 중 하나인 빛의 직진성을 보여 주는 예입니다.

구름 사이로 빛이 곧게 퍼져 나가고 있다.

어두운 밤바다를 밝혀 주는 등대도 어둠 속에서 빛을 일직선으로 내보내요. 바다 위의 배들은 등대의 불빛을 따라 항구로 돌아오는데, 빛이 곧게 나아가지 않는다면 배들은 이리저리 헤매느라 항구를 찾기 힘들 거예요. 등대는 빛이 직선으로 나아가기 때문에 먼 바다까지 비출 수 있고, 배들은 이 등대의 불빛을 보고 곧장 항구로 올 수 있습니다.

태양에서 나오는 햇빛뿐만 아니라, 손전등이나 레이저 포인터에서 나오는 빛, 촛불에서 나오는 빛 등 광원으로부터 나오는 모든 빛은 곧게 뻗는 성질이 있습니다.

유클리드 Euclid

기원전 300년경에 활약한 고대 그리스의 수학자예요. 그의 이름을 딴 '유클리드기하학'을 체계화한 사람입니다. 그가 쓴 《기하학 원론》이라는 책은 기하학 분야에서는 경전처럼 여겨집니다.

빛과 유클리드

빛의 직진성을 가장 먼저 알아낸 사람은 누구일까요? 바로 그리스의 유명한 수학자인 유클리드입니다. 유클리드 하면 기하학을 떠올릴 정도로 그 분야에서 유명합니다. 기하학이란 도형과 공간의 성질에 대해 연구하는 학문이에요. 유클리드는 기하학뿐만 아니라 다른 분야의 연구에서도 많은 업적을 남겼습니다. 그중 빛에 관한 연구를 빼놓을 수 없지요. 유클리드는 "빛은 항상 직진한다."라고 말하여, 빛의 직진성을 분명히 밝혔답니다.

TIP 요건 몰랐지?

바늘구멍 사진기

바늘구멍 사진기를 만들어 본 적 있나요? 두 개의 상자를 서로 겹치게 끼워 넣습니다. 바깥 상자에는 바늘로 작은 구멍을 뚫고 안쪽 상자에는 기름종이로 막을 만듭니다. 그런 다음 안쪽 상자를 들여다보세요. 바깥 풍경이 기름종이에 거꾸로 비칠 거예요.

촛불이 거꾸로 보이는 것은 빛이 직진하기 때문입니다. 촛불의 위쪽 빛은 작은 구멍을 통해 들어가서 기름종이의 아래쪽에 닿습니다. 촛불의 아래쪽 빛은 작은 구멍을 통해 들어가서 기름종이의 위쪽에 닿습니다. 촛불의 왼쪽 빛과 오른쪽 빛도 각각 기름종이의 오른쪽과 왼쪽에 닿습니다. 빛이 직진하기 때문에 작은 구멍을 통과하면 기름종이 위, 아래, 오른쪽, 왼쪽이 바뀐 모습이 나타납니다.

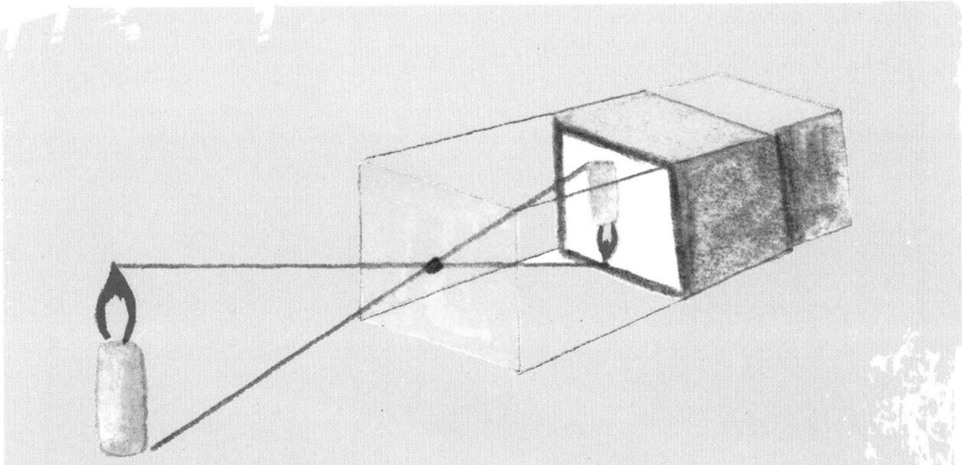

바늘구멍 사진기는 빛의 직진성을 이용한다.

빛과 그림자

빛은 항상 직진만 할까요? 빛은 직진하지만 진행을 방해하는 물체를 만나면 방향을 바꾸기도 합니다. 그리고 유리와 같은 투명한 물체를 만나면 통과하지만 불투명한 물체일 경우 통과하지 못한답니다. 그렇게 되면 그 물체 뒤에는 빛이 도달할 수 없어요. 따라서 그 물체와 같은 어두운 모양이 나타난답니다. 이것을 우리는 그림자라고 부릅니다. 레이저 쇼가 빛이 직진하는 성질을 그대로 이용한 활동이라면, 그림자 연극은 빛이 직진하는 성질을 응용해 빛이 닿지 않는 부분의 모양을 우리에게 보여 주는 활동입니다.

그림자가 생기는 원인은 빛이 불투명한 물체를 통과하지 못하기 때문이다.

일식과 월식

일식과 월식에 대해 들어 보았나요? 일식과 월식은 아마도 우리가 볼 수 있는 그림자 중에서 가장 신기하고, 가장 흔하지 않은 것입니다.

천체

천문학의 연구 대상이 되는 우주에 존재하는 모든 물체를 통틀어 일컫는 말입니다. 예를 들어 항성·행성·위성·혜성 등과 성간 물질이나 인공위성 따위도 포함됩니다.

일식과 월식의 원리

지구는 태양을 중심으로 돕니다. 달은 지구를 중심으로 돌고요. 이렇게 지구와 달이 움직이다 보면

달이 태양을 가려 일식이 생긴다.

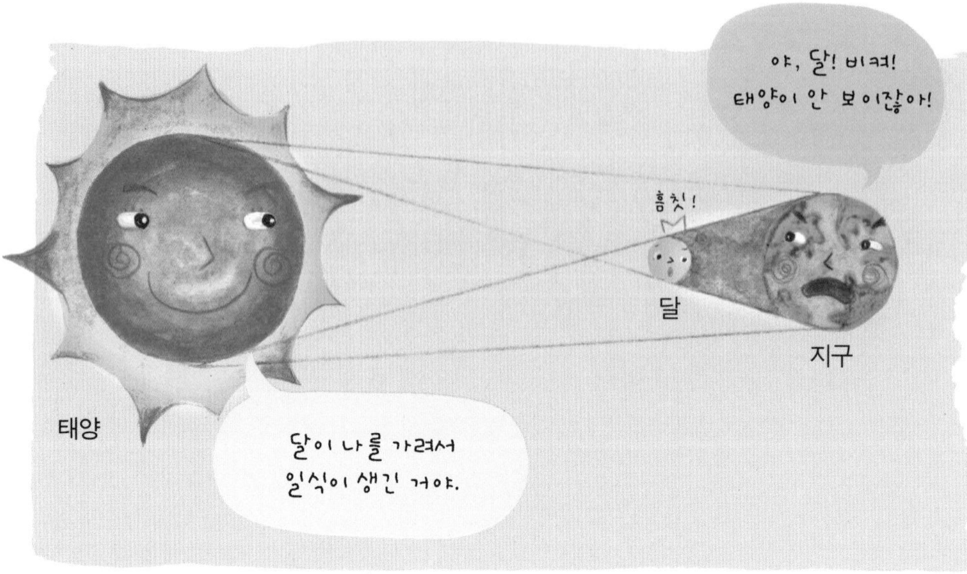

일식은 달이 태양을 가려서 생긴다.

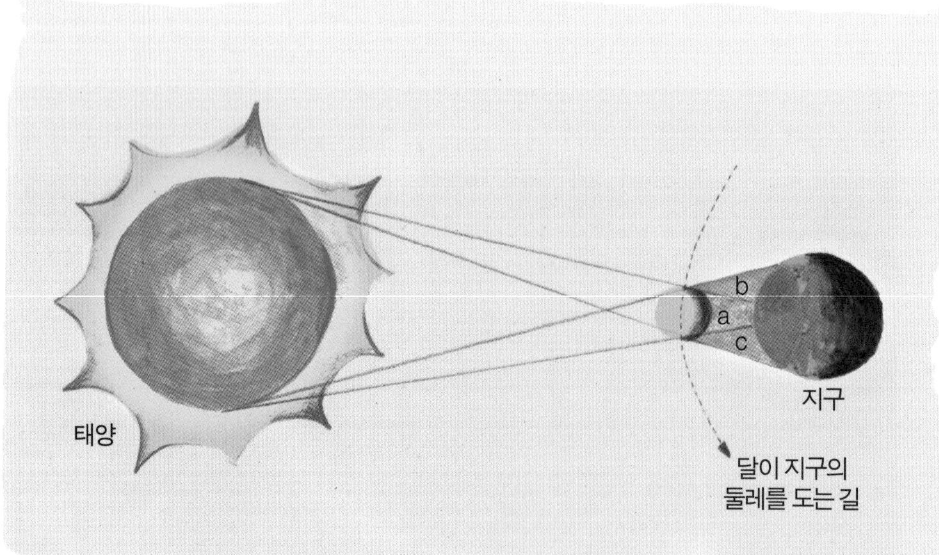

개기일식은 태양이 달에 완전히 가려질 때 생긴다. a 지역에서 관찰할 경우, 관찰자는 달의 그림자 속으로 들어가기 때문에 개기일식을 관찰할 수 있다. b, c 지역에서 관찰할 경우 달은 태양의 일부만을 가려 부분일식이 된다.

태양, 달, 지구 순서로 세 천체가 일직선이 되는 때가 생깁니다. 그러면 태양에서 지구로 오는 빛을 달이 가리게 됩니다. 태양이 달에 가려져 보이지 않게 되는 것이지요. 이것을 일식이라고 합니다. 일식이 일어나면 지구에는 달의 그림자가 생깁니다.

일식에는 개기일식과 부분일식이 있는데 태양이 달에 완전히 가려지는 것은 개기일식이라고 하고, 태양의 일부만 가려지는 것은 부분일식이라고 해요. 개기일식은 매우 드물게 일어나지요.

월식이란 태양, 지구, 달 순서로 일직선이 되어 지구의 그림자가 달을 가리는 현상입니다. 지구가 태양과 달 사이에서 태양을 가려 달에 지구의 그림자가 생기게 됩니다.

이 월식 현상은 보름달일 때에만 일어나지만, 매달 보름일 때 반드시 일

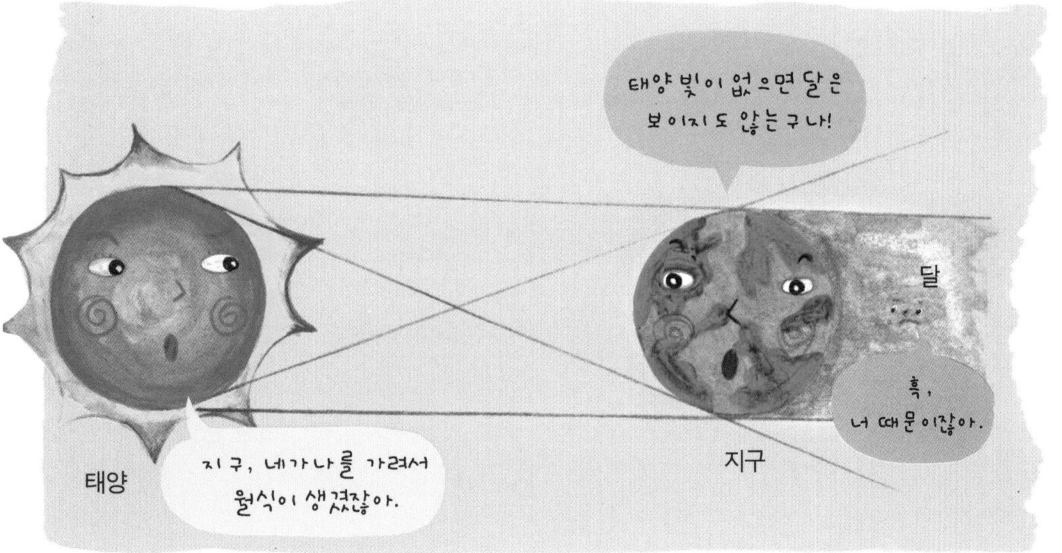

월식은 지구 그림자가 달을 가려서 생긴다.

달에 지구의 그림자가 드리워 월식이 생기고 있다.

어나지는 않습니다. 태양, 지구, 달이 일직선으로 놓일 기회가 적기 때문입니다. 월식은 일식보다 드물게 일어납니다. 하지만 일식은 지구의 한정된 지역에서만 볼 수 있고, 월식은 지구의 밤이 있는 곳이라면 어디에서나 볼 수 있기 때문에 훨씬 자주 관측할 수 있습니다.

지구에 의해 태양 빛이 완전히 가려져 달이 까맣게 보이는 것을 개기월식, 달에 지구 그림자가 조금만 드리울 때는 부분월식이라고 부릅니다. 월식은 지구가 둥글다는 증거가 되기도 합니다. 달에 비친 지구의 그림자가 둥글기 때문입니다.

TIP 요건 몰랐지?

빛을 이용한 해시계

태양은 아침에 동쪽에서 떠서 점차 서쪽으로 이동합니다. 그리고 결국 지게 됩니다. 이것은 광원의 위치가 계속 바뀐다는 의미입니다. 태양의 위치와 고도가 변하면서 그림자의 방향과 길이도 변하지요. 그래서 사람들은 옛날부터 나무 그림자나 기둥의 그림자를 보고 시각을 알았답니다. 이 원리를 이용한 것이 바로 해시계입니다.

우리나라에서는 세종대왕 때에 장영실, 이천, 김조가 '앙부일구'라는 정밀한 해시계를 만들었습니다. 앙부일구라는 이름은 '둥근 가마솥 모양으로 생겨 해를 보고 있다'는 뜻입니다. 궁중에 두고 시각을 알았을 뿐만 아니라 사람이 많이 다니는 길에도 설치해 누구나 시각을 알 수 있게 했습니다. 특히 글을 모르는 사람들도 이용할 수 있도록 시각을 한자 대신 12지신 그림으로 새겨 넣었습니다. 백성에 대한 세종대왕의 사랑을 엿볼 수 있지요.

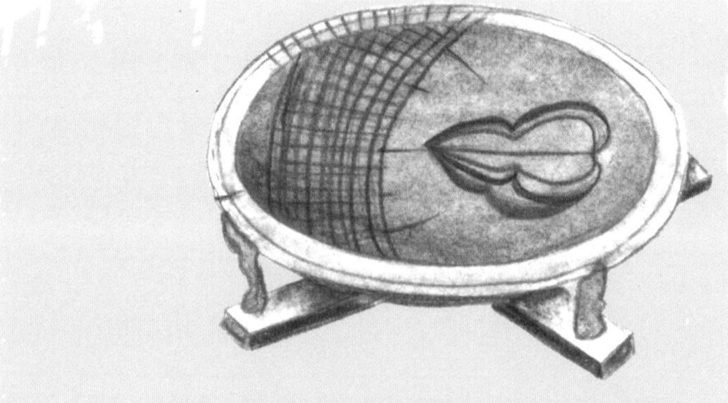

빛과 그림자의 원리를 이용하여 만든 해시계, 앙부일구.

빛은 물체를 만나면 반사되어요

빛은 직진합니다. 직진한 빛이 투명한 물체를 만나면 통과하고 불투명한 물체를 만나면 통과하지 못하지요. 그럼 통과하지 못한 빛은 어떻게 될까요? 사라질까요? 아니면 물체에 흡수될까요?

거울을 보면 내 모습이 비칩니다.

거울은 어떻게 내 모습을 비출 수 있을까요? 그것은 직진하다가 무엇에 가로막힌 빛이 다시 튕겨 나오기 때문입니다.

불투명한 장애물을 만나 통과하지 못한 빛은 사라지지지 않고 반사되어 나옵니다. 이것을 '빛의 반사'라고 하지요.

반사될 때의 빛은 어떤 각도로 비추었느냐에 따라 비춘 각도만큼 다시 반사됩니다. 그래서 빛의 입사각과 반사각은 같습니다. 빛의 입사각과 반사각이 같다는 것을 발견한 사람은 그리스의 과학자 프톨레마이오스입니다.

입사각이란 빛이 들어오는 면에 수직으로 선을 그어서 그 선과 빛이 들어오는 방향이 이루는 각을 말하고, 반사각은 이 선과 빛이 반사되어 나오는 반사광선이 이루는 각을 말한답니다. 쉽게 말해서

프톨레마이오스
Klaudios Ptolemaios,

고대 그리스의 천문학자이자 지리학자예요. 빛의 입사각과 반사각이 같다는 것을 발견했을 뿐 아니라, 대기 중에서 빛의 굴절 작용도 발견했어요. 천체에 대해 연구하고 일식과 월식을 예견하는 방식을 연구한 것으로도 유명하지요. 갈릴레이가 반론하기 전까지 누구나 그의 학설에 따라 지구를 중심으로 해와 달과 모든 천체들이 움직인다고 믿었어요.

■ 빛의 반사

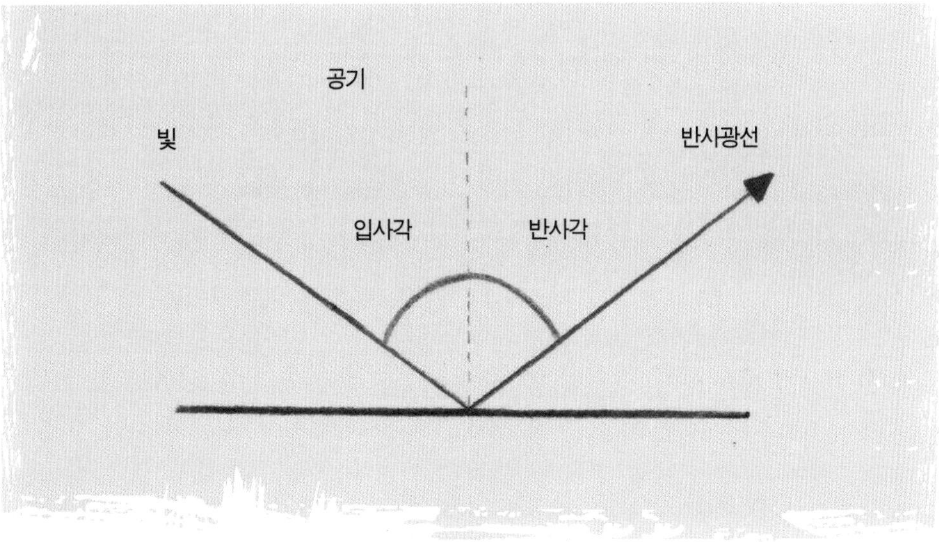

빛의 입사각과 반사각은 같다.

입사한 각도만큼 반사되어 나오게 된다는 것입니다.

그런데 모든 불투명한 물체에서 반사의 법칙에 따라 반사가 일어난다면 거울에는 우리 모습이 비치는데 왜 종이에는 비치지 않을까요?

그것은 빛을 반사하는 표면이 다르기 때문입니다. 잔잔한 물에서는 주변의 풍경이 비치는 것을 들여다볼 수 있지만 물결이 이는 물에서는 비치지 않지요. 거울이나 유리처럼 표면이 매끈하고 반질반질한 물체는 빛을 그대로 반사하지만 종이나 나무, 옷 같은 물체는 표면이 울퉁불퉁하기 때문에 빛을 고르게 반사하지 않아요. 그래서 주변의 모습이 비치지 않는 것입니다.

잔잔한 물에서는 정반사가 일어나 주변 풍경이 비친다.

거울이나 유리같이 매끈한 면에서의 반사를 정반사라고 합니다. 거울을 볼 때 어디에 서 있느냐에 따라 보이는 곳이 다른 이유도 거울에서는 빛이 정반사되기 때문입니다. 거울이 반사광선을 보내는 곳에 있어야만 물체를 볼 수 있으니까요. 그래서 반사광선이 나오지 않는 곳에서는 물체를 볼 수 없는 것이랍니다.

그러면 종이나 나무처럼 매끈하지 않은 면에서의 반사의 이름은 무엇일까요?

바로 난반사입니다. 표면이 울퉁불퉁하기 때문에 빛이 도착하는 면이 모두 달라서 입사각이 제각각이고, 반사각도 입사각에 따라 제각각이 됩니다. 어려워 보이지만 차근차근 그 면에 수직으로 선을 그어 입사한 각도대로 반사광선을 그려 보면 다음의 그림처럼 정반사일 때는 일정한 방향으

■ 정반사와 난반사

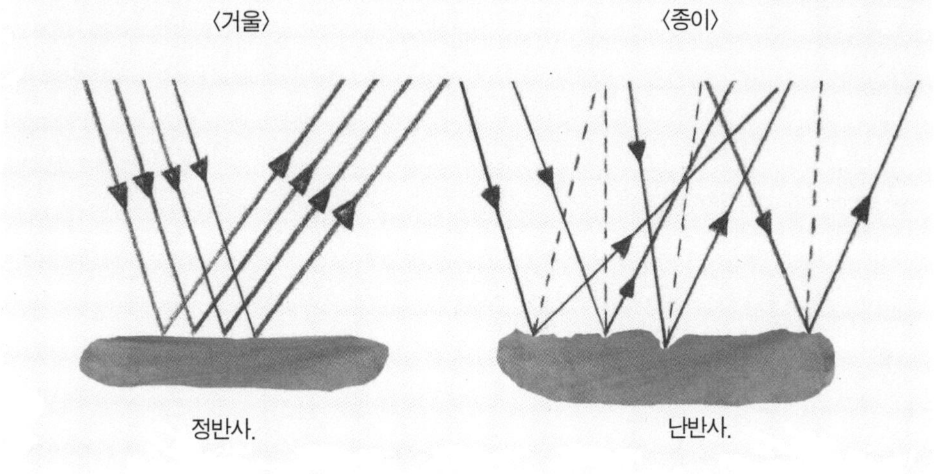

로, 난반사일 때는 여러 방향으로 광선이 나아가는 것을 알 수 있어요.

이 난반사를 이용하는 곳이 바로 영화관입니다. 영화관의 스크린은 난반사를 하도록 표면이 울퉁불퉁하게 만들어졌어요. 만약 스크린의 표면이 매끈해 정반사를 한다면 가운데 자리에 앉은 사람들만 영화를 볼 수 있겠지요. 하지만 스크린은 난반사를 하기 때문에 가장 자리에 앉은 사람들도 영화를 볼 수 있답니다.

우리는 어떻게 볼 수 있을까요?

빛이 있는 곳에서 우리는 물체를 볼 수 있습니다. 그렇다면 빛이 없는 곳에서도 물체를 볼 수 있을까요?

밤에는 어두워서 잘 보이지 않지만 그래도 사물의 모습을 대략이나마 알아볼 수 있어요. 사실 밤에는 빛이 없는 듯하지만 달빛이나 네온사인 등 여러 가지 빛들이 있어요. 그래서 낮처럼 잘 보이지는 않아도 어느 정도는 볼 수는 있습니다. 하지만 이런 약간의 빛조차 사라진다면 우리는 전혀 볼 수 없게 됩니다.

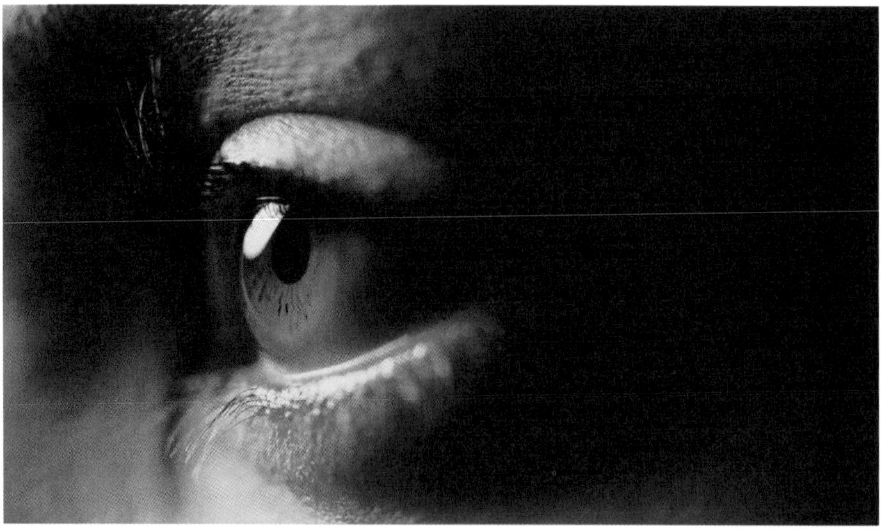

빛이 없다면 우리 눈은 물체를 볼 수 없다.

받은 빛을 반사해요

빛이 우리 눈으로 들어오면 우리는 그 물체를 인식하게 됩니다. 그래서 태양이나 전구, 모닥불처럼 스스로 빛을 내는 광원을 우리가 눈으로 볼 수 있지요. 그러면 스스로 빛을 내지 않는 책상이나 연필, 나무 같은 물체는 어떻게 볼 수 있을까요? 바로 우리가 달을 보듯이 봐야 합니다. 달은 스스로 빛을 내지는 않지만 받은 빛을 반사해 내보냅니다. 그래서 하늘에 떠 있는 달을 볼 수 있지요. 스스로 빛을 내지는 않더라도 빛을 받은 물체는 그 빛을 반사해 우리에게 보내 줍니다. 이렇게 반사되어 나온 빛이 우리 눈에 들어오면, 우리는 그 물체를 보게 됩니다.

색은 어떻게 구별할까요?

빛의 삼원색은 빨강, 초록, 파랑입니다. 삼원색은 기본이 되는 색을 말

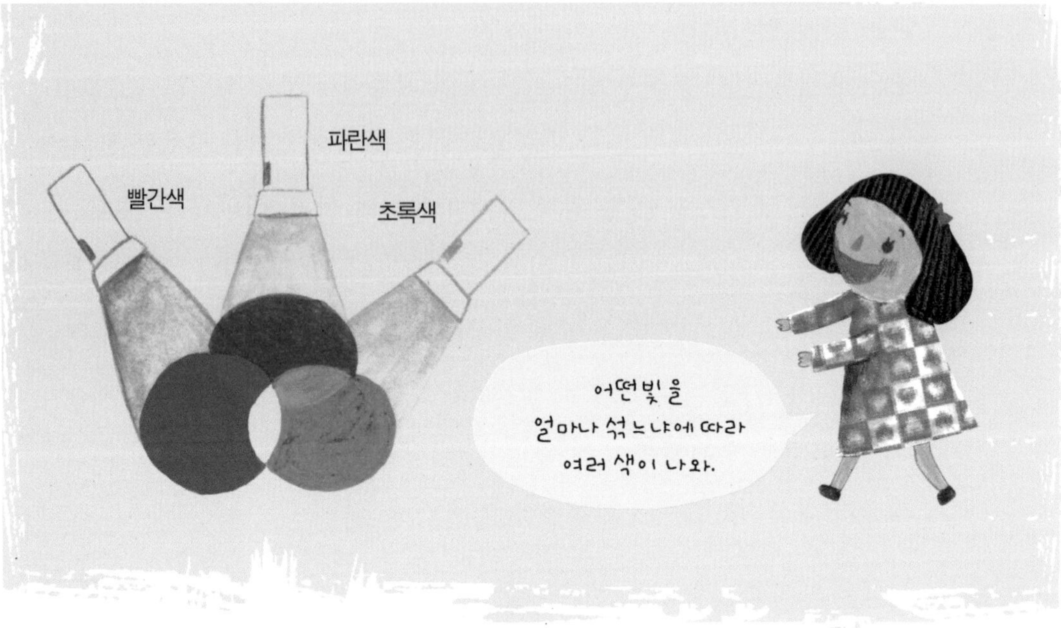

해요. 이 삼원색만 있으면 모든 색을 만들 수 있어요. 빨간 빛과 초록 빛을 섞으면 노란 빛이 됩니다. 초록 빛과 파란 빛을 섞으면 하늘색 빛이 되고요. 이처럼 어느 색의 빛을 얼마만큼 섞느냐에 따라 여러 가지 색이 나온답니다.

우리 주변의 물체들을 보면 바나나는 노란색, 장미는 빨간색, 오이는 초록색을 띠고 있지요.

어떻게 이런 색을 갖게 되었을까요?

우리가 생각하는 빛은 보통 백색광을 말합니다. 백색광은 흰색의 빛을 말하지요. 빛은 여러 가지의 색을 많이 섞을수록 밝은색을 띠게 된답니다. 그렇다면 백색광인 빛은 모든 색이 섞여 있는 상태가 되겠지요. 만약 장미에 백색광을 비추면 장미는 모든 색을 받게 되는 것입니다. 하지만

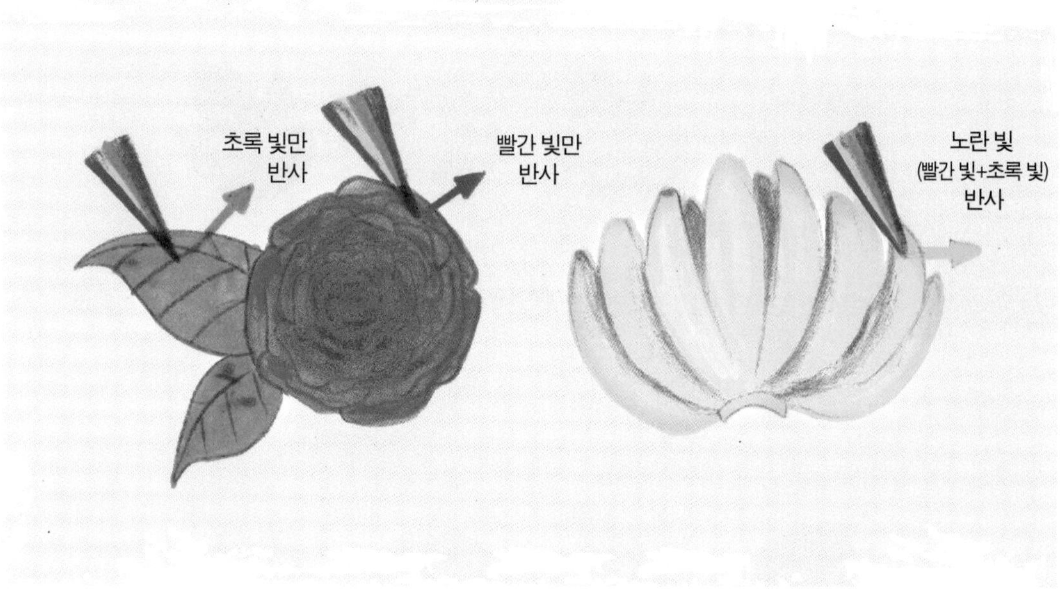

장미는 빨간 빛만을 반사하고 나머지 빛은 흡수하는 성질을 가진 물체입니다. 그러므로 우리는 장미가 반사한 빛을 보고서 장미가 빨갛다고 생각하는 거예요. 즉, 우리가 보는 물체의 색은 그 물체가 반사한 빛의 색이랍니다.

그러면 노란색의 바나나는 어떻게 된 것일까요? 빛은 빨강, 파랑, 초록이면 모든 색을 만들어 낼 수 있다고 했어요. 빨간 빛과 초록 빛을 섞으면 노란 빛이 나오지요. 바나나는 빨간색과 초록색 빛을 반사하는 성질을 가지고 있어요. 그렇기 때문에 우리 눈에는 이 두 가지 색이 섞여 바나나가 노란색으로 보이는 것입니다.

하얀색 물체는 모든 빛을 반사하기 때문에 우리 눈에 하얗게, 검은색 물체는 모든 빛을 흡수하고 반사하지 않기 때문에 우리 눈에 검게 보입니다.

빨간 사과는 빨간 빛만 반사하고 초록 잎은 초록 빛만 반사한다. 그러므로 이 사과와 잎에 빨간 빛을 비추어 주면 사과는 빨간색으로 보이고 잎은 검정색으로 보인다.

빨간 사과와 초록 잎에 초록 빛을 비추어 주면 사과는 검정색으로 보이고 잎은 초록색으로 보인다. 사과와 잎에 초록·빨간 빛을 비추어 주면 사과는 빨간색만, 잎은 초록색만 반사한다.

그렇다면 빨간 사과에 초록 빛을 비추어 주면 사과는 무슨 색으로 보이게 될까요? 정답은 검은색입니다. 사과는 빨간 빛만을 반사할 수 있는데, 초록 빛을 비추어 주면 반사할 수 있는 빛이 하나도 없겠지요? 그러면 빨간 사과는 흑백 사진의 사과처럼 우리 눈에 검은색으로 보인답니다. 마찬가지로 초록색 나뭇잎에 빨간 빛만 비추어 주면 나뭇잎은 검은색으로 보인답니다.

물체는 광원에 따라 색이 다르게 보입니다. 태양에서 오는 백색 빛은 모든 색이 들어 있기 때문에, 모든 물체를 선명하게 보이게 합니다. 하지만 백열등의 빛은 빨간색이 많이 들어 있어요. 그렇기 때문에 노란색과 빨간색의 물체를 더욱 선명하게 보이게 하지요. 형광등은 파란색의 빛이 강하기 때문에 파란색을 더욱 선명해 보이게 합니다.

그렇다면 투명한 물체와 맞닿은 빛은 어떻게 될까요? 손전등 앞에 색색의 셀로판지를 붙이면 빛은 어떻게 보일까요? 파란색 셀로판지를 붙이면 파란색, 빨간색 셀로판지를 붙이면 빨간색 빛이 나옵니다. 이것은 빨간색으로 보이는 셀로판지가 빨간색 빛을 통과시켰다는 말이에요. 빨간색 빛이 셀로판지를 통과해서 우리 눈으로 들어왔기 때문에 우리는 그 셀로판지를 빨간색으로 보는 것입니다.

불투명한 물체에서는 물체가 반사한 빛의 색이 그 물체의 색이지만 투명한 물체에서는 물체가 통과시킨 색이 그 물체의 색이 됩니다.

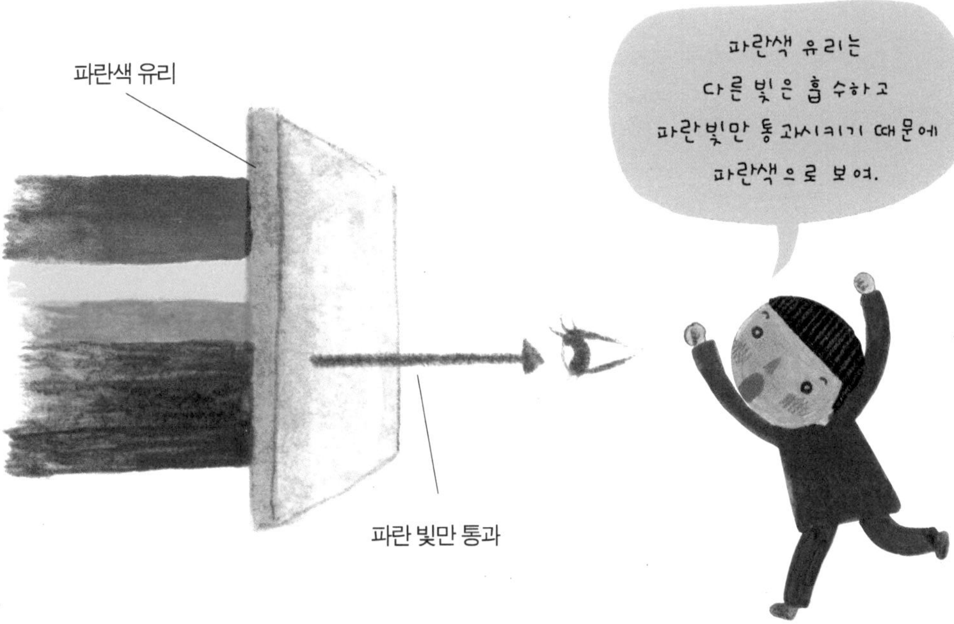
파란색 유리
파란 빛만 통과
파란색 유리는
다른 빛은 흡수하고
파란빛만 통과시키기 때문에
파란색으로 보여.

TIP 요건 몰랐지?

자외선 차단제는 여름에만 바르나요?

자외선 차단제는 강한 태양 빛에서 오는 자외선을 차단하기 위해 바릅니다. 그래서 보통 여름에 밖을 나갈 때 바르거나 바다에 놀러 갔을 때 바릅니다. 그렇다면 다른 계절에는 바르지 않아도 될까요?

피부에 해로운 자외선은 사계절 내내 우리를 괴롭혀요. 그렇기 때문에 자외선 차단제는 사계절 내내 발라야 가장 좋습니다. 하지만 여름에는 더 뜨거운 빛이 우리나라를 비추니까 다른 계절보다 좀 더 신경을 써야 해요. 그리고 겨울에 스키장이나 눈썰매장에 갈 때도 꼭 자외선 차단제를 발라야 합니다. 겨울은 햇빛이 약한 계절인데 왜 자외선 차단제가 필요할까요? 바로 눈 때문이에요. 눈이 하얀색으로 보이는 것은 모든 빛을 반사한다는 뜻이에요. 스키장처럼 눈이 쌓여 있는 곳에서 자외선 차단제를 바르지 않고 있으면 반사된 태양 빛을 잔뜩 받게 되어서 여름에 밖에서 놀 때처럼 얼굴이 타 버립니다.

TIP 요건 몰랐지?

색의 삼원색과 빛의 삼원색

삼원색은 가장 기본이 되는 색이에요. 빛은 일반 물감과 다른 성질을 가지고 있기 때문에 삼원색도 다르답니다.

우선 색의 삼원색은 빨강, 노랑, 파랑, 이 세 가지 색을 말합니다. 이 색들을 섞는 양에 따라 여러 가지 다른 색들을 만들어 낼 수 있어요. 결국 모든 색을 섞으면 검은색이 되지요. 색의 밝기를 나타내는 것을 명도라고 하는데, 이렇게 명도가 낮아지는 색의 혼합을 '감산 혼합' 이라고 부릅니다.

빛의 삼원색은 빨강, 초록, 파랑이에요. 빛은 물감과 다르게 색을 섞을수록 밝은색이 되고 모든 색을 섞으면 하얀색이 되어요. 따라서 명도가 올라가는 혼합이지요. 이것을 '가산 혼합' 이라고 해요. 색은 섞을수록 어둡게, 빛은 섞을수록 밝게 변한답니다.

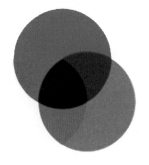

감산 혼합.

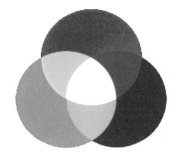

가산 혼합.

반사의 최고봉, 거울

반사에 대해 더 알아보기 위해 여러 가지 거울을 살펴봅시다.

거울을 들여다보면 무엇이 보이나요? 내 모습도 보이고, 또 주변의 모습도 보입니다. 우리는 거울을 보고 옷차림을 가다듬고 머리도 빗지요. 자동차에 달린 거울을 보고 뒤쪽에 무엇이 있나 확인하기도 해요. 왼쪽과 오른쪽이 바뀐 것 말고는 실제 모습 그대로이지요. 이렇게 거울에 비친 물체의 모습을 '상'이라고 부릅니다. 그러면 우리 생활에서 많이 보게 되는 여러 거울에 대해 이야기해 볼까요?

다양한 거울

엄마 화장대의 거울이나 집 안에 걸어 놓은 큰 거울에는 내 모습이 실제 모습대로 보입니다. 이런 거울은 평면거울이에요. 우리가 보통 거울 하면 떠올리는 것이 평면거울이랍니다. 평면거울은 물체와 같은 모습으로 상을 보여 줍니다.

평면거울이 아닌 거울도 있을까요? 바로 오목거울과 볼록거울이 있습니다. 이런 거울들을 구면거울이라고 한답니다. 구면거울은 반사면이 동그랗게 되어 있기 때문에 빛을 모으거나 퍼뜨리지요. 빛이 면에 도착하면 반사의 법칙에 따라 면과 입사한 각도만큼 반사광선이 나아가기 때문입니다.

우리 생활에 가장 많이 쓰이는 거울은 평면거울이다. ⓒ Dave Fayram(Dave Fayram@flickr.com)

오목거울

오목거울은 가운데가 오목하게 들어간 거울입니다. 오목거울 바로 앞에서 내 모습을 살펴보면 실제 모습보다 크게 보입니다. 하지만 조금씩 뒤로 물러나면서 보면 내 모습이 점점 작아지면서 어느새 거꾸로 서 있는 것을 볼 수 있지요. 그 상태에서 뒤로 갈수록 뒤집힌 내 모습이 점점 커집니다. 오목거울은 물체를 놓는 위치에 따라 상이 다르게 생기는 마술 거울이랍니다. 오목거울로 보면 실제보다 더 크게 볼 수 있어서 요즘에는 손거울을 만들 때 오목거울을 쓰는 경우가 종종 있어요. 화장을 할 때 눈이나 입술을 확대해서 볼 수 있도록 오목거울을 손거울에 넣습니다. 또 미용실에서 머리 모양을 살펴볼 때 쓰기도 하지요.

오목거울은 가운데가 오목하기 때문에 반사한 빛을 한곳으로 모으는 성질이 있습니다. 그렇기 때문에 센 빛을 원할 때 오목거울을 많이 사용합

오목거울은 물체를 놓는 위치에 따라 상이 다르게 비친다. ⓒIan Ashdown(Bleuchoi@flickr.com)

니다. 올림픽의 처음과 끝을 알리는 성화도 오목거울을 이용해 햇빛을 모아 불을 붙입니다. 또 오목거울의 원리를 이용해 요리할 수 있는 조리 기구도 있습니다.

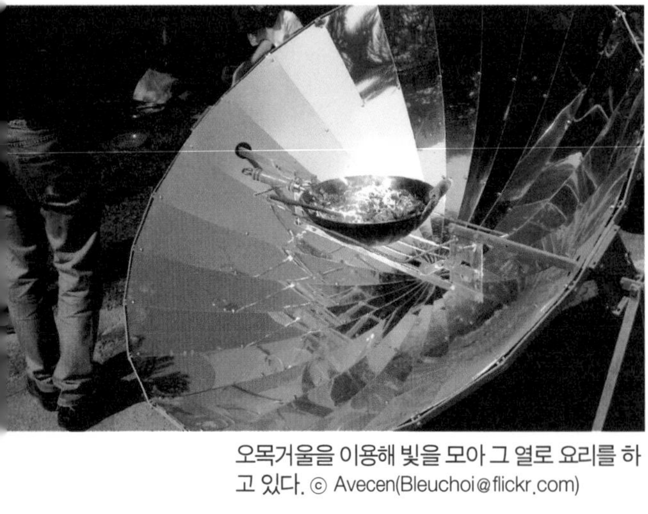

오목거울을 이용해 빛을 모아 그 열로 요리를 하고 있다. ⓒ Avecen(Bleuchoi@flickr.com)

볼록거울

오목거울과 반대로 가운데가 볼록 나온 거울을 볼록거울이라고 해요. 볼록거울은 오목거울과는 다르게 빛을 넓게 퍼뜨리지요. 볼록거울은 어떤 거리에서 들여다봐도 똑바로 서 있는 모습을 보여 주는데, 이것도 오목거울과 다른 점입니다.

볼록거울을 이용하면 주변을 더 넓게 볼 수 있다. ⓒ Ian Ashdown(Bleucho@flickr.com)

볼록거울에 비친 상은 실제 모습보다 작게 보입니다. 대신 볼록거울로 보면 더 넓은 범위의 주변 모습을 볼 수 있어요. 물체를 작게 축소해서 보여 주는 대신 평면거울보다 넓은 면적을 보여 주지요.

그렇다면 볼록거울은 어디에 쓰일까요? 편의점에 가면 보통 계산대에는 일하는 사람이 있어요. 하지만 가게 안의 사람들이 무엇을 보고 있는지, 혹시 훔쳐 가는 물건이 없는지 계속 돌아다니며 살필 수는 없지요. 이럴 때 볼록거울 하나면 해결된답니다. 볼록거울을 천장에 달아 놓으면 넓은 범위를 보여 주기 때문에 한자리에 서 있기만 해도 거울을 통해 가게 내부를 확인할 수 있어요. 또한 자동차의 뒷거울도 작은 거울로 차 뒤에서 일어나는 일들을 확인할 수 있어야 하기 때문에 볼록거울을 쓴답니다. 굽은 길에서도 볼록거울은 유용하게 쓰입니다. 반대편에서 오는 사람이나 차를 확인할 수 있도록 구불구불한 산길 같은 곳에는 볼록거울이 설치되어 있어요.

굽은 길에는 반대편에서 오는 차나 사람을 확인할 수 있도록 볼록거울을 설치한다.

이처럼 거울도 여러 종류가 있습니다. 이런 거울들의 성질을 제대로 알고 알맞은 곳에 배치하면 많은 도움을 받을 수 있습니다. 물체를 있는 그대로 보고 싶을 때에는 평면거울을, 물체를 확대해서 보고 싶을 때에는 오목거울을, 물체를 축소해서 더 넓은 면적을 보고 싶을 때에는 볼록거울을 사용함으로써, 우리 생활은 더 편리해졌어요.

TIP 요건 몰랐지?

숟가락의 비밀

우리가 매일 사용하는 숟가락은 오목거울과 볼록거울을 모두 가지고 있는 욕심쟁이랍니다. 숟가락은 밥을 떠먹을 수 있도록 오목하게 만들어져 있어요. 그래서 숟가락의 앞쪽에 우리 얼굴을 비추어 보면 오목거울과 같이 상이 거꾸로 보이고, 반대로 볼록한 면에 우리 얼굴을 비추어 보면 제대로 된 상이 보입니다.

숟가락 안쪽(오목거울)

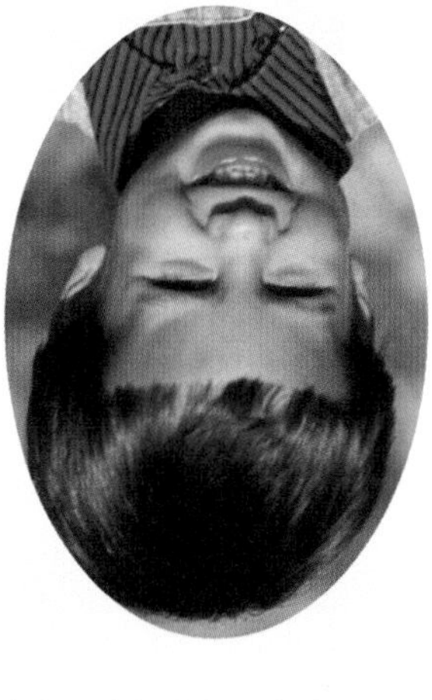

숟가락 바깥쪽(볼록거울)

숟가락에는 앞과 뒤의 상이 반대로 맺힌다. 한쪽은 볼록거울, 한쪽은 오목거울의 효과를 내기 때문이다.

빛도 꺾여요

여름에 차를 타고 아스팔트 도로를 가다 보면 저 멀리 도로에 물이 고여 있는 것처럼 보일 때가 있어요. 하지만 다가가서 보면 물이 없고 다시 저 멀리 물이 또 고여 있는 것처럼 보인답니다. 사막에서도 이런 현상이 자주 발생해요. 이런 현상은 왜 일어날까요? 우리 눈이 고장 나서일까요?

빛의 굴절 현상과 매질

빛은 직진한다고 배웠어요. 그렇다면 빛이 꺾일 수도 있을까요? 빛이 직진하는 것은 맞지만 조금 변화를 주면 꺾인답니다.

빛은 계속 같은 매질을 통과할 때는 직진하지만, 중간에 다른 매질을 만나면 꺾여요. 예를 들어 공기를 통과한 빛이 물과 만날 때 매질이 공기에서 물로 바뀌게 되어 빛이 꺾입니다.

땅 위에서 달릴 때와 물속에서 달릴 때의 속도가 어떤가요?

두 경우에 달리기 속도는 달라져요. 땅 위에서는 물속에서보다 더 빨리 달릴 수 있지요. 이것은 물속에서는 물 입자들이 우리의 운동을 방해하기 때문이

매질

어떤 파동, 혹은 힘과 같은 물리적 작용 등을 다른 곳으로 전달해 주는 매개가 되는 물질을 말해요. 예를 들어 빛이 공기 중을 통과하고 있다면 공기가 빛의 매질이 된답니다. 빛이 물속을 통과하고 있다면 물이 매질이 되겠지요.

■ 빛의 굴절

에요. 빛도 이와 마찬가지로 공기 중에서보다 물속에서 느리게 진행한답니다. 진공에서의 속도가 가장 빠르고 공기, 물, 유리의 순서로 속도가 느려져요. 입자가 빽빽할수록 빛의 속력은 느려지는 것이지요. 이렇게 빛의 진행 속도가 달라지면 진행 방향도 꺾이게 되는 거예요. 이것을 '빛의 굴절'이라고 합니다.

'페르마'라는 프랑스의 수학자는 굴절에 대해 자신만의 정의를 내렸어요. 그는 "가장 빠른 시간에 목적지에 도착하기 위해 굴절하는 것"이라고 말했답니다.

다음 그림을 보고 생각해 볼까요?

피에르 드 페르마
Pierre de Fermat, 1601~1665

프랑스의 수학자입니다. 17세기 최고의 수학자로 꼽히지요. 미적분학과 정수론에서 큰 업적을 남겼습니다. 페르마 스스로 발견하고 증명했다고 하는 페르마의 마지막 정리를 증명하는 데는 10만 마르크의 상금까지 걸렸는데, 여러 수학자들의 도전 끝에 1995년에 와서야 공식적으로 증명되었답니다.

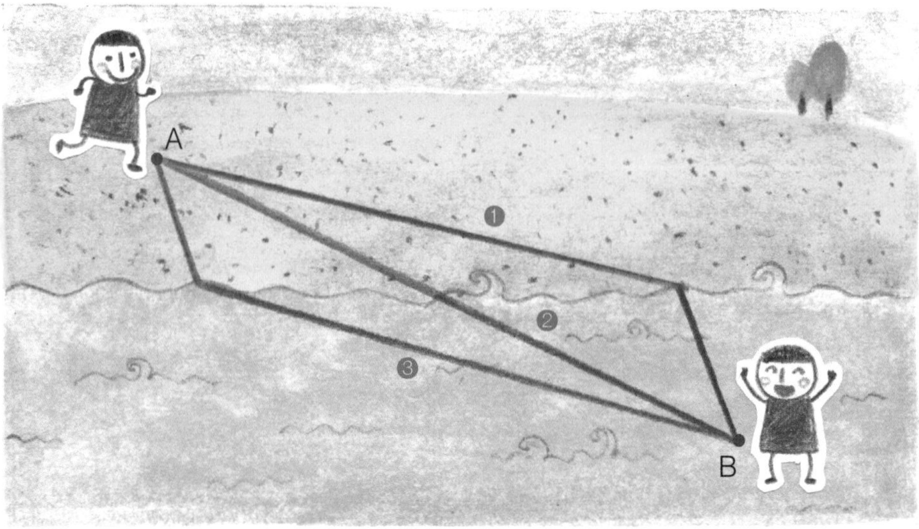

A에서 B까지 어떤 경로를 선택해야 가장 빨리 갈 수 있을까요? 만약 물이 없는 땅 위에서만 달린다면 ❷번 경로가 가장 빠를 거예요. 하지만 물에서 달려야 한다면 달리는 시간을 줄여야만 더 빨리 갈 수 있을 거예요. 왜냐하면 땅 위에서 달리는 것보다 물속에서 달리는 것이 훨씬 느리기 때문이에요. 그래서 직선으로 달리는 것보다 땅 위에서 길게 달리고 물속에서 달리는 거리를 줄인다면 좀 더 빨리 도착할 수 있어요. 그렇다면 ❶번 경로가 가장 빠르겠지요. 하지만 너무 멀리 땅 위로만 달리면 오히려 가야 하는 거리가 길어져 더 늦게 도착할 수도 있어요. 이런 점을 고려해서 가장 빠르게 갈 수 있는 길로 달려야 합니다.

프랑스의 수학자 페르마.

빛도 가장 빠른 경로로 이동한답니다. 그

렇기 때문에 같은 매질 안에서는 직선으로 가고, 다른 매질을 만나면 꺾이는 것이지요.

빛의 굴절로 인해 컵 속의 숟가락이 다르게 보인다. ⓒ Moisey@the Wikimedia Commons.

여러 가지 굴절 현상

굴절은 빛이 꺾이는 현상입니다. 또 물체를 볼 때, 물체가 반사한 빛이 우리 눈에 들어와야 그 물체를 인식할 수 있어요.

수영장에 가서 물의 깊이를 눈으로 봤을 때와 직접 들어갔을 때 느끼는 깊이는 다르답니다. 그 이유는 빛은 공기에서 진행하다가 물로 들어가면서 매질의 변화로 한 번 꺾이기 때문입니다. 하지만 사람의 눈은 빛이 꺾였다는 사실은 인식하지 못하고 수영장 바닥이 높게 보이게 되는 것입니다. 그래서 얕은 물인 줄 알고 들어가면 생각보다 깊게 느끼게 되지요.

어항 속 물고기가 실제보다 더 커보이는 것, 물이 담긴 컵에 연필을 넣어 두면 꺾여 보이는 것 모두 빛의 굴절로 인한 현상들이다.

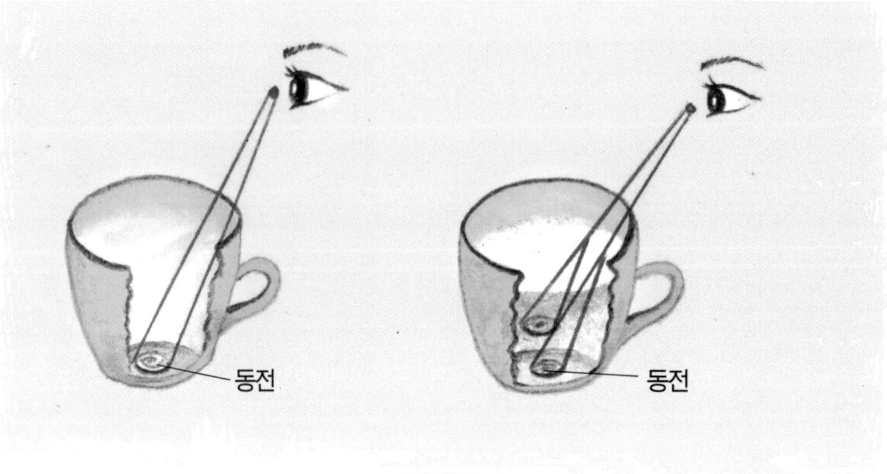

물속의 동전이 실제보다 더 위쪽에 있는 것처럼 보이는 것 역시 빛의 굴절로 인한 현상이다.

물컵에 동전을 넣고 관찰해도 이와 같은 현상을 금방 알아챌 수 있어요. 컵의 옆쪽에서 깊이를 보고 수면 위에서 동전을 보면 동전이 훨씬 위쪽에 떠 있다는 느낌을 받게 될 거예요.

굴절 현상으로 인한 전반사

이제 굴절 현상으로 인해 일어나는 신기한 일들을 살펴볼까요?

첫 번째로는 전반사 현상이 있어요. 반사라고 이름을 붙였지만 전반사는 굴절에 의한 현상이에요. 전반사가 일어나려면 몇 가지 조건이 있습니다. 우선 빛이 입자가 많은 매질에서 입자가 적은 매질로 진행해야 해요. 가령, 공기에서 물 쪽으로 빛이 비칠 때는 일어날 수 없고, 물에서 공기 쪽으로 빛이 비칠 때에만 일어날 수 있어요.

그리고 입사각을 점점 크게 키우다 보면 어느새 바깥으로 나오는 빛이

■ 전반사

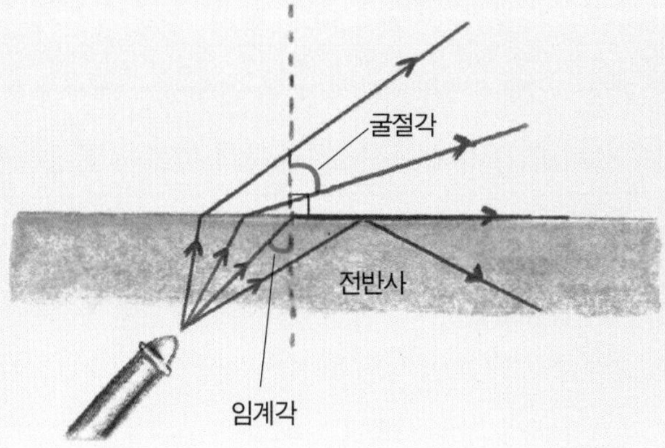

전반사는 입자가 많은 매질에서 입자가 적은 매질로 진행할 때에만 일어난다.

사라지게 됩니다. 그것은 굴절각이 점점 커져서 90도 이상이 되면 빛이 매질의 경계면을 통과하지 못하고 전부 반사되어 돌아오기 때문입니다. 이를 전반사라 하고, 전반사가 일어날 때의 입사각을 임계각이라 합니다. 광통신, 내시경, 쌍안경, 잠망경, 사진기 등이 모두 전반사 현상을 이용한 것들이에요.

또 다른 신기한 굴절 현상은 '신기루'예요. 신기루란 물체가 실제로 있는 위치가 아닌 엉뚱한 위치에 있는 것처럼 보이는 현상을 말해요. 사막이나 극지방에서 많이 발견된답니다.

신기루라는 굴절 현상은 더운 날 아스팔트에 물이 고여 있는 것처럼 보이게도 하고, 사막에 오아시스가 있는 것처럼 보이게도 합니다. 북극에서는 빙산이 있는 것처럼 보이는 것도 신기루 현상 중 하나입니다.

이와 같은 신기루 현상은 공기 중의 온도 차이 때문에 빛이 휘어서 생기는 것입니다. 공기는 한 가지의 매질이기 때문에 빛은 직진하겠지요? 하지만 공기는 기체이기 때문에 온도에 따라 입자 사이의 간격이 쉽게 바뀌어요. 뜨거운 기체는 입자 사이의 간격이 아주 넓고, 차가운 기체는 뜨거운 기체보다 입자 사이의 간격이 좁아요. 그렇기 때문에 같은 매질인 공기 중에서도 다른 매질을 만났을 때처럼 빛의 속도가 달라져 굴절이 일어나게 됩니다. 그리고 이 빛의 굴절 때문에 먼 곳에 있는 물체가 솟아올라 보이거나 작은 물체가 커다랗게 보이기도 하지요.

볼록렌즈와 오목렌즈

렌즈는 유리같이 투명한 물질로 만들어져 빛을 통과시킬 수 있는 물체입니다. 그렇기 때문에 굴절 현상을 보기에 매우 좋은 물체이지요. 굴절로 인해 수영장 바닥이 높아 보이고 동전이 떠 보인다고 배웠지요? 굴절을 이용하면 자유롭게 물체를 커 보이게도, 작아 보이게도 할 수 있습니다.

볼록렌즈와 오목렌즈의 기능

볼록렌즈는 가운데가 양쪽보다 두꺼운 렌즈로서 상을 크게 확대해 주는

■ 볼록렌즈

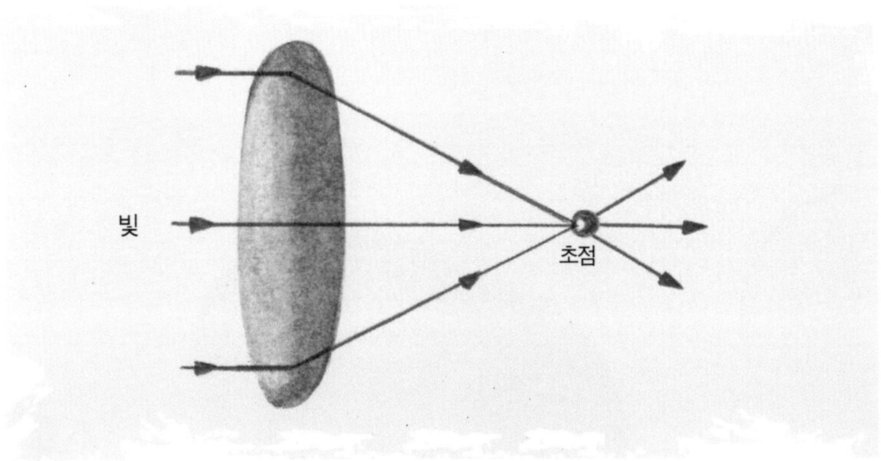

볼록렌즈는 가운데가 양쪽보다 두꺼운 렌즈로서 빛을 모아 준다.

역할을 해요. 또 빛을 모아 주는 역할도 한답니다. 빛이 모이면서 광선이 안쪽으로 꺾이지요. 하지만 우리는 빛이 꺾였다는 것을 인식하지 못하고 꺾인 광선의 연장선으로 인해 상의 크기가 커 보인다고 생각하게 됩니다.

볼록렌즈는 어떤 곳에 쓰일까요?

볼록렌즈를 통하면 물체를 실제보다 더 크게 볼 수 있습니다. 작은 글씨를 크게 볼 때나 곤충을 관찰할 때 쓰는 돋보기가 바로 볼록렌즈로 만들어졌지요. 또 현미경에도 쓰인답니다. 현미경은 여러 개의 볼록렌즈를 이용해 눈으로는 확인할 수 없는 작은 세포나 단면을 확대해서 보여 주는 장치예요. 망원경에도 볼록렌즈가 쓰입니다. 망원경은 너무 멀리 있어서 우리 눈으로 보기 어려운 곳의 모습을 볼 수 있게 해 주지요. 가까이 다가가면 날아가 버리는 새도, 너무나 먼 곳에 있어서 잘 볼 수 없는 별이나 천체도 망원경을 이용하면 잘 관찰할 수 있어요. 사진기의 렌즈도 바로 볼록렌즈입니다.

또 오목거울처럼 빛을 모아 주는 볼록렌즈는 불을 붙일 수도 있습니다. 햇볕이 쨍쨍 내리쬘 때 볼록렌즈로 빛을 모으면 신문지에 불도 붙는답니다.

돋보기, 망원경, 현미경 모두 볼록렌즈를 이용한 물건들이다.

볼록렌즈와 반대로 가운데가 오목하고 양끝이 두꺼운 렌즈를 오목렌즈라고 해요. 오목렌즈는 볼록렌즈와는 정반대의 역할을 합니다. 오목렌즈를 통과한 빛은 모이는 대신 넓게 퍼지지요. 오목렌즈를 통해서 본 물체는 실제 크기보다 작아 보여요.

볼록렌즈는 사물을 커 보이게 한다.

오목렌즈는 어디에 쓰일까요?

안경에 많이 쓰입니다. 시력이 좋지 않은 사람들은 대부분 근시입니다. 근시인 사람에게는 가까이 있는 것은 잘 보이지만 멀리 있는 것은 잘 보이지 않아요. 멀리 있는 것이 잘 보이지 않는 이유는 우리 눈에서 상이 망막보다 더 앞쪽에 맺히기 때문입니다. 그 때문에 근시인 사람들이 잘 보려면 오목렌즈를 통해 빛이 한 번 퍼지게 한 뒤,

■ 오목렌즈

눈에 들어가게 해 제대로 망막에 상이 맺히게 해야 합니다.

하지만 모든 안경에 오목렌즈가 쓰이지는 않습니다. 볼록렌즈를 사용하는 안경도 있어요. 근시인 사람들과 반대로 멀리 있는 사물은 잘 볼 수 있지만, 가까운 곳은 잘 안 보이는 사람들도 있거든요. 할머니, 할아버지들이 나이가 들어 시력이 나빠질 때 이런 증상이 많이 생기는데, 이것을 원시라고 합니다. 원시는 상이 망막이 아닌 더 뒤쪽에 맺힙니다. 따라서 볼록

■ 근시·원시의 교정

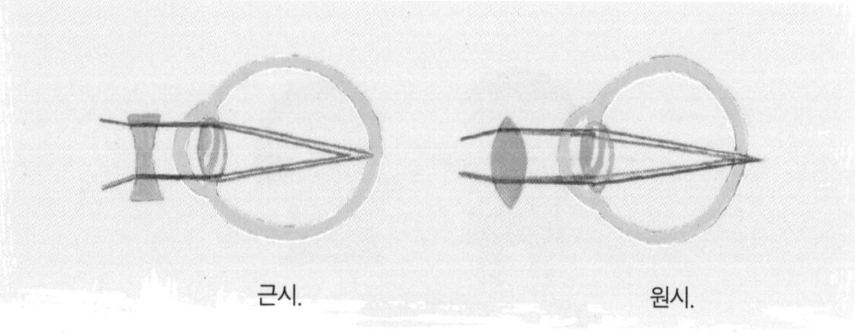

근시인 사람들은 오목렌즈를 통해 시력을 교정한다. ⓒ Joyradost@the Wikimedia Commons

렌즈를 통해 빛을 한번 모아서 보게 되면 상이 망막 뒤까지 가지 않고 망막에 제대로 맺혀 선명하게 볼 수 있습니다.

렌즈는 올바른 곳에 사용하면 우리 생활에 많은 도움을 주지요. 눈이 나쁜 사람들에게는 또 하나의 눈이 되어 주니 말이에요.

망막

눈의 가장 안쪽에 있는 얇은 막이에요. 시세포가 분포하고 있는데 빛을 받아들여 뇌로 보내 주는 곳이랍니다. 망막이 있기 때문에 우리는 볼 수 있는 것이지요.

TIP 요건 몰랐지?

콘택트렌즈

시력이 나빠지면 우리는 안경을 착용합니다. 하지만 요즘은 콘택트렌즈를 사용하는 사람들이 늘고 있어요. 이 콘택트렌즈도 안경의 원리와 마찬가지로 상이 망막에 제대로 맺힐 수 있도록 도와주는 역할을 한답니다. 하지만 눈에 직접 넣어야 하기 때문에 올바르게 착용하지 않으면 오히려 눈에 좋지 않습니다. 처음에는 콘택트렌즈를 유리로 만들었지만 요즘은 플라스틱, 소프트렌즈, 산소를 통과시키는 콘택트렌즈 등 많은 렌즈가 개발되고 있어요.

콘택트렌즈를 꼈을 때 눈이 충혈되는 현상은 산소가 잘 통하지 않아서 눈 속의 실핏줄이 부어 올라 밖으로 나오기 때문이에요. 이런 불편함도 렌즈의 발달로 많이 해소되었습니다.

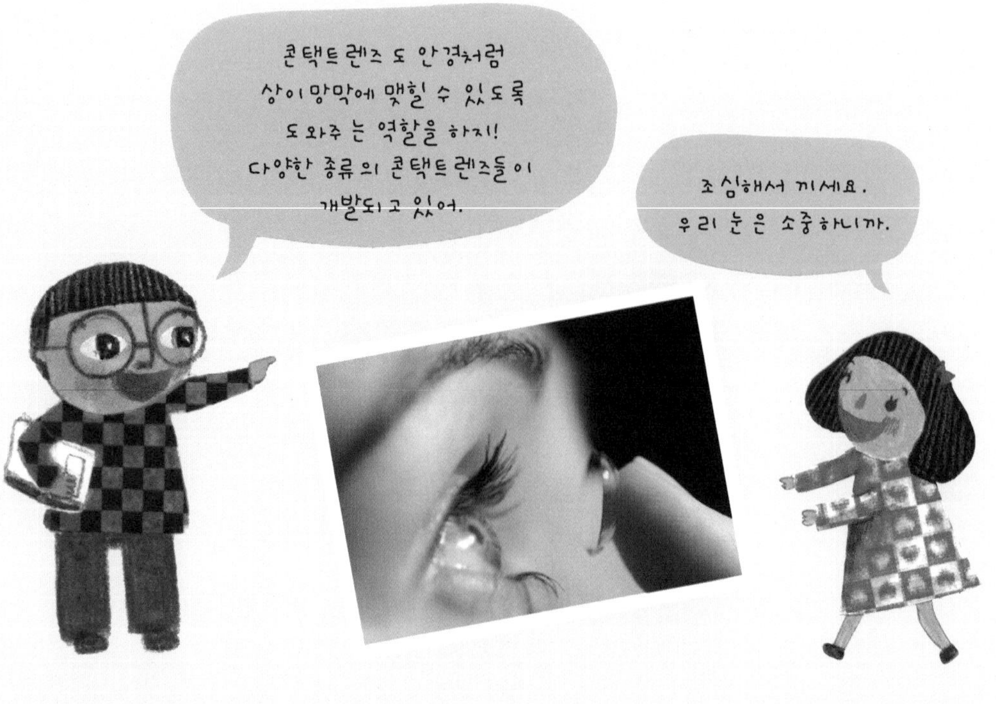
콘택트렌즈도 안경처럼
상이 망막에 맺힐 수 있도록
도와주는 역할을 하지!
다양한 종류의 콘택트렌즈들이
개발되고 있어.
조심해서 끼세요.
우리 눈은 소중하니까.

여러 가지 빛을 구분해요

빛은 여러 종류가 있지요. 빛을 구분하는 기준은 무엇인가요? 바로 파장입니다. 사람마다 다른 지문이 있듯이 빛들에게도 저마다 다른 파장이 있어서 구분할 수 있답니다.

빛의 꺾임과 분산

빛은 다른 매질을 만나면 그 매질에 따라 꺾이는 정도가 다르지만, 같은 매질을 통과하면서도 파장에 따라 꺾이는 정도에 차이를 보이기도 한답니다. 하얀색으로 보이는 햇빛은 파장이 가장 긴 빨간색부터 가장 짧은 보라색까지 모두 섞여 있는 빛입니다. 파장이 가장 긴 빨간색이 가장 조금 꺾이고 파장이 가장 짧은 보라색이 가장 많이 꺾이지요. 이 성질을 이용하면 빛을 분리할 수 있습니다.

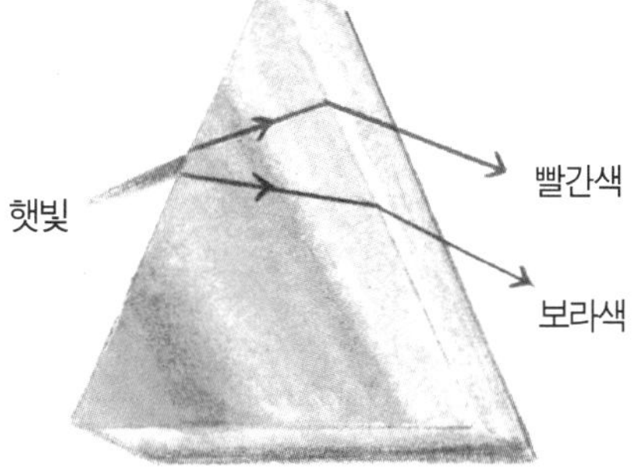

프리즘은 굴절률의 차이를 통해 빛을 분리한다.

유리나 수정 등의 물질로 만든 삼각형의 광학용품을 '프리즘'이라고 해요. 이 프리즘에 모든 색의 빛이 섞인 백색광을 비추면 빛마다 꺾이는 정도의 차이에 의해 색이 모두

분리됩니다. 그래서 뒤에 하얀 종이를 대 보면 빨·주·노·초·파·남·보로 빛이 나뉘는 것을 확인할 수 있어요. 이렇게 빛이 분리되는 것을 '빛의 분산'이라고 합니다.

무지개에서 빨간색이 먼저 보이는 이유

무지개는 빨·주·노·초·파·남·보로 우리 눈에 보입니다. 그렇다면 무지개도 분산의 원리로 생기는 현상임을 알 수 있겠지요? 무지개는 물방울이 프리즘과 같은 역할을 함으로써 빛의 분산이 일어나는 것입니다. 오른쪽의 그림을 보면 물방울로 들어간 빛은 공기에서 물방울로 매질이 바뀌어 굴절합니다. 그다음 면에서 반사가 일어나고 다시 물방울을 빠져나오면서 굴절이 일어나요. 이렇게 '굴절, 반사, 굴절'의 과정을 거치면 가장 위쪽으로 나오는 빛이 보라색이 됩니다.

그런데 왜 우리 눈에는 빨간색부터 보라색 순서로 무지개가 보일까요? 그것은 빛이 여러 물방울에서 분산된 데다 빛의 색깔마다 반사각 및 굴절률이 다르기 때문입니다.

아래의 그림을 다시 한 번 보세요. 하나의 물방울에서 빛이 분산되어 나올 때에는 굴절률이 작은 보라색이 우리 눈에 제일 먼저 들어올 수 있습니다. 그러나 여러 물방울에서 빛이 분산될 때에는 위쪽 물방울에서 분산되어 나온 빨간색이 우리 눈에 먼저 들어옵니다. 바로 아래 물방울에서 분산된 주황색 빛이 그다음 순서로 우리 눈에 들어오게 되고, 다른 빛들도 차례로 들어옵니다. 그리고 가장 낮은 높이의 물방울에서 분산된 빛은 맨 위의 보라색만 우리 눈에 들어오게 됩니다. 그 아래 나머지 빛들은 우리 시각에서 벗어나 눈에 들어오지 않지요.

■ **무지개의 원리**

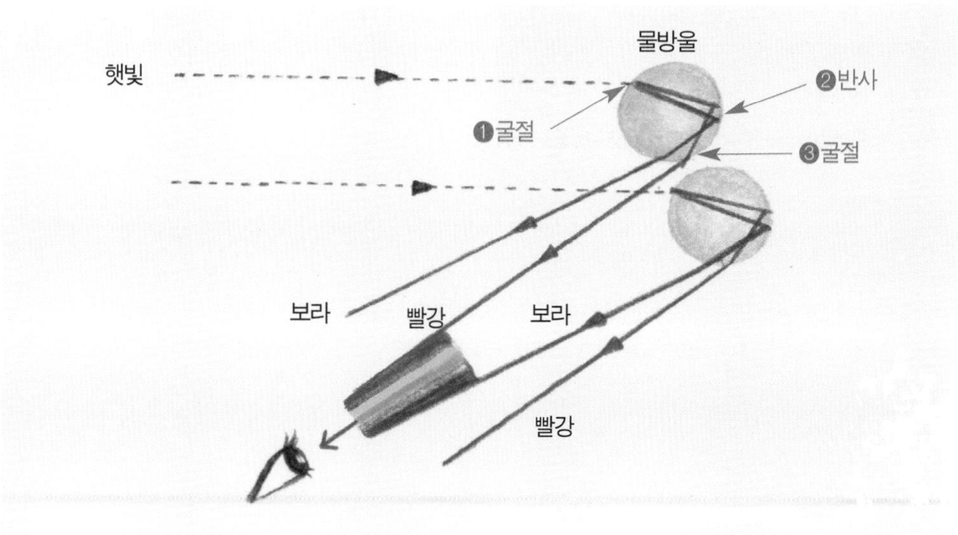

▲큰 먼지 입자가 없는 맑은 하늘은 파란색 빛을 잘 산란시킨다.
▼먼지가 많은 하늘은 여러 가지 빛을 산란시켜 희뿌옇게 보인다.

하늘이 파랗게 보이는 이유

그렇다면 하늘은 왜 파랗게 보일까요?

공기는 많은 입자들로 이루어져 있어요. 공기의 입자들은 우리 눈에 안 보일 정도로 매우 작아요. 빛이 이 입자들을 만나면 굴절되거나 통과되지 않고 여러 방향으로 흩어지게 됩니다. 이렇게 빛이 흩어지는 것을 '빛의 산란'이라고 합니다. 빛의 산란은 난반사처럼 빛을 불규칙하게 여러 방향으로 흐트러뜨리기 때문에 어느 방향에서 봐도 같은 빛을 볼 수 있게 됩니다.

산란되는 빛은 알갱이의 크기에 따라 달라집니다. 공기처럼 작은 입자에서는 파장이 짧은 파란색이나 보라색의 입자들이 잘 산란되고 먼지 알갱이처럼 큰 입자에서는 빨간색이나 노란색을 잘 산란시켜요. 입자가 작은 공기는 파란색 빛을 잘 산란시키기 때문에 어디에서 보아도 하늘을 파랗게 보이게 합니다. 큰 먼지 알갱이가 없는 맑은 날일수록 하늘은 더 파랗게 보이지요.

왜 하늘이
파랗게 보이는 거야?
그건 빛의 산란 때문이야.
바다가 파랗게 보이는 이유는
바닷물이 붉은 빛과 노란빛을
잘 흡수하기 때문이지.

그렇다면 먼지가 많은 곳에서는 하늘이 어떻게 보일까요?

알갱이가 큰 입자는 모든 빛을 산란시킬 수 있어요. 모든 빛이 섞이면 무슨 색이 된다고 했나요? 바로 백색광이에요. 그래서 하늘이 희뿌옇게 보이는 것입니다.

하늘뿐 아니라 바다도 파랗습니다. 푸른 바다도 빛의 산란 때문에 푸르게 보일까요? 바다의 경우는 조금 다르답니다. 바다가 푸르게 보이는 것은 물 분자가 붉은 빛을 흡수하기 때문이에요. 빛이 바닷물에 들어가면 붉은색과 노란색은 금방 흡수되지만 푸른색은 느리게 흡수된답니다. 그렇기 때문에 우리에게는 바다가 파란색으로 보입니다.

Q&A 꼭 알고 넘어가자!

문제 1 정반사와 난반사를 각각 설명해 봅시다.

문제 2 바나나는 노란색, 장미는 빨간색, 오이는 초록색입니다. 각각의 물체가 어떻게 이런 색을 갖게 되었는지 장미를 예로 들어 설명해 봅시다.

문제 3 볼록렌즈는 무엇이며 어떻게 쓰이는지 예를 들어서 설명해 봅시다.

정답

1. 거울이나 유리같이 매끈한 면에서의 반사를 정반사라고 합니다. 거울을 볼 때 어디에 서 있느냐에 따라 보이는 곳이 다른 것은 빛이 정반사되기 때문입니다. 종이나 나무 같은 매끈하지 않은 면에서의 반사를 난반사라고 합니다. 표면이 울퉁불퉁하기 때문에 빛이 도착하는 면이 모두 달라서 입사각이 제각각으로 들어가게 되고, 반사각도 입사각에 따라 모두 다릅니다.

2. 장미는 빨간 빛만 반사하고 나머지 색깔은 흡수합니다. 그렇기 때문에 반사한 빨간 빛만 우리 눈에 들어와서 장미가 빨갛다고 생각하는 거예요. 즉, 우리가 보는 물건의 색은 그 물체가 반사한 빛의 색입니다. 하얀색 물체는 모든 빛을 반사하기 때문에 우리 눈에 하얗게, 검은색 물체는 모든 빛을 흡수하고 반사하지 않기 때문에 우리 눈에 검게 보입니다.

관련 교과

초등 3학년 2학기 **2. 동물의 세계**
초등 4학년 1학기 **3. 식물의 한살이**
초등 4학년 2학기 **3. 식물의 구조와 기능**
초등 5학년 2학기 **1. 환경과 생물**
중학교 1학년 **6. 식물의 영양**

3. 빛과 환경

같은 지구 안에 있지만 각 지역마다 빛이 도착하는 양은 다릅니다. 어떤 곳은 빛을 많이 받아 덥고, 어떤 곳은 빛을 적게 받아 춥고, 또 어떤 곳은 계절별로 받는 빛의 양이 달라지기도 해요. 빛의 양에 따라 환경은 모두 제각각입니다. 이렇듯 다양한 환경 속에서 생물들이 어떻게 적응해 살고 있는지 살펴볼까요?

빛과 동물의 생활

빛은 모든 생물이 살아가는 데 꼭 필요한 에너지입니다. 특히 태양에서 오는 빛은 에너지의 근원입니다. 빛은 우리의 앞을 밝혀 주는 역할도 하지만 우리에게 열을 보내 준다는 점에서도 무척 중요하답니다. 빛의 양이 많으면 기온이 높아지고, 빛의 양이 적으면 기온이 낮아지는 것도 빛이 우리에게 열을 보내 주기 때문입니다. 그렇다면 생물들이 빛의 양에 따라 다양하게 주어진 환경 속에서 어떻게 적응하며 살고 있는지 살펴볼까요?

사람은 날씨에 적응하기 위해 다양한 생활 방식으로 살아간다.

빛과 날씨와 생활 방식

사람들은 빛의 양에 따른 날씨의 변화에 어떻게 적응하며 살고 있나요? 더운 열대 지방에서는 나뭇잎 등을 이용해 통풍이 잘 되는 집을 짓거나 짧고 얇은 옷을 입습니다. 추운 한대 지방에서는 얼음을 이용해 지은 이글루에서 생활하며 두꺼운 옷을 입어 몸을 보호한답니다. 햇빛의 양이 많은 사막에서는 오아시스 주변에 모여 살거나 빛을 반사하는 흰색 옷을 주로 입는데, 이것은 모두 날씨에 적응하기 위해서입니다.

그렇다면 동물들은 어떨까요?

여우는 사막에서 사는 사막여우와 북극에서 사는 북극여우가 있어요. 두 여우는 생김새가 조금 다르게 생겼어요. 사막여우는 귀가 크고 털이 짧으며 , 북극여우는 귀가 작고 털이 길어요. 같은 여우라도 이렇게 지역에 따라

사막여우는 귀가 크고 털이 짧다. 북극여우는 키가 작고 털이 길다. 같은 여우이지만 이처럼 차이가 생긴 것은 환경에 적응한 결과이다.

겉모습이 차이 나는 이유는 온도 때문입니다. 사람이든 동물이든 몸의 온도를 일정하게 유지하려는 특징이 있습니다. 사람은 더우면 피부를 통해 땀이나 열을 밖으로 내보내지요. 사막여우도 몸속의 열을 밖으로 내보내기 위해 짧은 털과 큰 귀를 가지고 있는 것입니다. 북극여우의 긴 털과 작은 귀도 같은 이유 때문입니다. 귀가 크면 열을 쉽게 빼앗겨 추운 곳에서 살기 힘들겠지요. 자연히 추운 날씨에 맞추어 작게 변한 것입니다. 또한 털도 길어서 몸을 따뜻하게 해 줍니다.

여우 외에도 많은 생물이 빛의 양에 따른 날씨에 영향을 받으며 살아간답니다. 빛의 양이 적어지는 겨울이 되면 추위를 이겨 내기 위해 겨울잠을 자

는 동물이 있습니다. 날씨가 춥기 때문에 동물들이 먹을 수 있는 식물이 거의 없고, 몸속의 열을 빼앗기지 않으려고 날씨가 따뜻해질 때까지 겨울잠을 자는 거예요.

두꺼비·뱀·도마뱀은 땅속에서, 박쥐·곰은 굴속에서, 미꾸라지는 물속에서, 사마귀·메뚜기·귀뚜라미는 알이나 번데기인 상태로 겨울잠을 잡니다. 또한 개구리는 그 종류에 따라 땅속이나 물속에서 겨울잠을 잡니다.

TIP 요건 몰랐지?

반딧불이는 스스로 빛을 내요

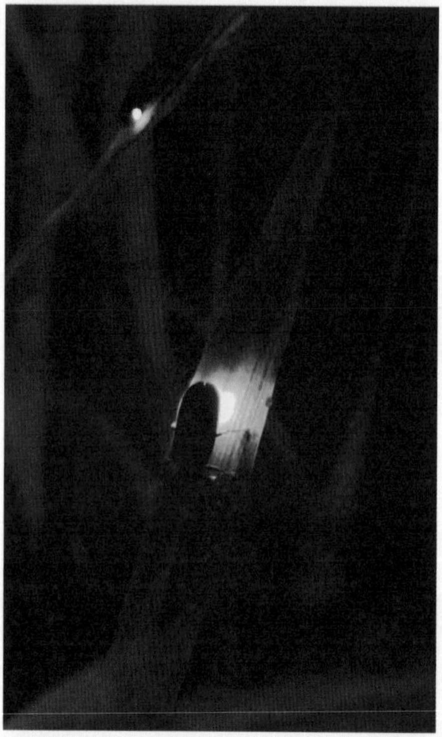

반딧불이는 딱정벌레의 한 종류인데, 개똥벌레라고도 한다. 짝짓기를 할 때 꽁무니에서 빛을 내어 상대를 유혹한다.

© Takashi(takot@flickr.com)

모든 생물은 빛에 의해 살아갑니다. 그런데 스스로 빛을 내는 생물도 있습니다. 바로 반딧불이랍니다. 반딧불이는 깨끗한 시골에 가면 볼 수 있어요. 반딧불이는 딱정벌레처럼 생겼지만 꽁무니에서 빛을 낼 수 있답니다.

여러 생물은 짝짓기를 해서 종족을 번식시켜요. 반딧불이는 짝짓기를 할 때 상대방을 유혹하고 신호를 보내기 위해 이 불빛을 사용합니다. 빛이 나는 이유는 꽁무니에 발광 세포를 가지고 있기 때문이에요. 이 세포는 루시페린이라는 화학물질로 산소와 반응시켜 노란색 혹은 황록색 빛을 낸답니다.

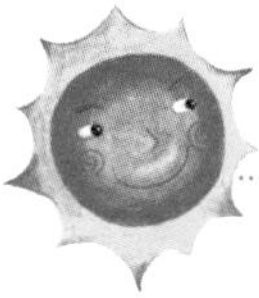

빛은 식물에게 어떤 영향을 미칠까요?

동물은 식물 혹은 자신보다 약한 동물을 먹으며 살아갑니다. 우리는 매일 밥으로 영양분을 섭취하지요. 하지만 식물은 자신의 몸에서 스스로 양분을 만들어 내는 작업을 해요. 이 과정을 우리는 광합성이라고 부른답니다.

포도당

생물의 에너지원으로 쓰이는 대표적인 당류예요. 생물계에 널리 분포하는데, 단맛이 나고, 물에 잘 녹는 성질이 있어요. 녹색식물의 잎에서 빛에너지를 이용해 이산화탄소와 물을 합성하여 만든답니다.

광합성을 하기 위해서는 세 가지가 반드시 필요합니다. 물과 이산화탄소, 그리고 빛이랍니다. 이 세 가지로 포도당과 산소를 만들어 냅니다. 만들어진 산소는 바깥으로 배출하고 포도당은 양분으로 사용합니다. 광합성을 하지 못한다면 잎은 누렇게 변하고 줄기는 가늘어지며 꽃과 열매가 열리지 못해요.

빛은 식물에게 중요해요

한 가지 실험을 해 보면 식물에게 빛이 얼마나 중요한지 쉽게 알 수 있습니다. 먼저 같은 크기의 콩나물시루를 두 개 준비해요. 같은 양의 콩나물에 같은 양의 물을 줍니다. 그런 다음 하나는 햇빛이 잘 드는 곳에 놓고, 다른 하나는 검은색 천을 씌워 빛을 차단합니다. 며칠 뒤에 콩나물을 관찰하면 확실한 차이를 볼 수 있어요.

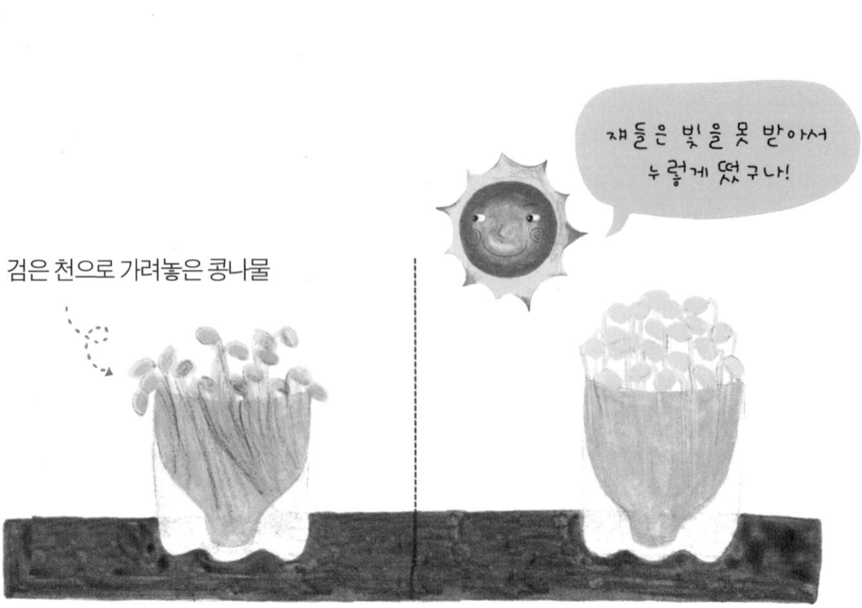

검은 천으로 가려놓은 콩나물
재들은 빛을 못 받아서 누렇게 떴구나!

빛이 잘 드는 곳에 둔 콩나물은 푸른색을 띠면서 잎이 나기 시작하고 줄기가 굵어져 있습니다. 반면에 검은색 천을 덮어 빛을 차단한 콩나물은 노란색으로 줄기가 가늘어진 것을 볼 수 있을 거예요.

또 다른 실험이 있습니다. 같은 크기의 비교적 큰 화분을 두 개 준비해요. 화분 하나에는 식물을 띄엄띄엄 충분한 거리를 두고 심고, 다른 하나에는 식물 여러 개를 빽빽이 심어 보세요. 그러면 신기한 현상을 볼 수 있어요. 어느 화분의 식물이 키가 더 클까요? 영양분을 더 많이 먹을 수 있는, 띄엄띄엄 심은 화분의 식물일까요?

그렇지 않습니다. 빽빽이 심은 화분의 식물이 키가 더 크게 자란답니다. 그 이유는 옆의 식물이 햇빛을 가리기 때문에 햇빛을 받기 위해 경쟁하면서 키를 더 키우기 때문입니다. 그런데 키는 크는 반면에 영양분이 모자라서 줄기는 굉장히 가늘어져요.

빛을 받기 위해 힘겹게 싸우는 식물들의 강한 의지가 느껴지나요? 식물

이 자라는 데 빛이 얼마나 중요한지를 보여 주는 간단한 실험입니다.

만약 빛이 잘 들지 않아 식물들이 모두 죽어 간다면 세상은 어떻게 될까요? 식물을 먹고 사는 초식동물도, 초식동물을 먹고 사는 육식동물도 모두 생명이 위험해질 거예요.

동물의 눈과 빛

빛은 생물이 살아가는 데 반드시 필요해요. 빛이 없다면 기본적인 생활을 유지하기 어려워져요. 그렇다면 빛과 관련한 생물의 기본적인 생활, 특히 시각과 관련된 것들에 대해서 알아봅시다.

눈의 구조

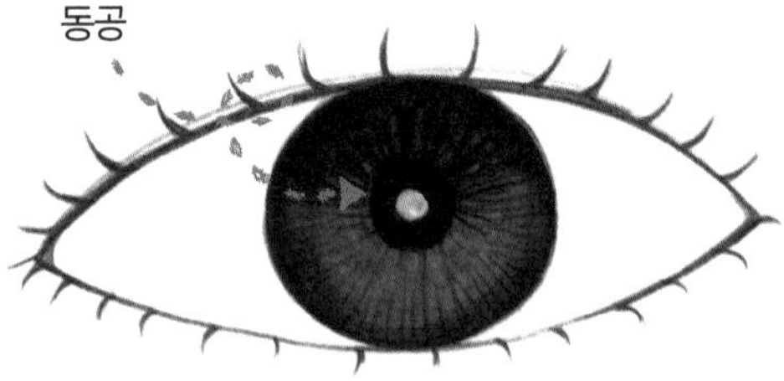

사람들이 사물을 볼 수 있는 이유는 빛이 눈에 들어오기 때문입니다. 사람은 여러 가지 색을 구별하고 물체를 비교적 자세히 관찰할 수 있는 눈을 가지고 있어요. 빛은 우리 눈으로 들어오면 여러 가지 과정을 거쳐요. 눈의 맨 앞의 얇은 각막을 지나고, 동공이라는 구멍을 통과해요. 우리 눈을 거울로 자세히 들여다보면 까만 눈동자 속에 또 다른 구멍이 하나 보일 거예요. 그것을 동공이라고 한답니다. 빛은 동공을 지나면 수정체를 만나요. 수정체는 우리가 굴절에서 배운 렌즈의 역할을 하는 곳이지요. 이 수정체가 자기 일을 제대로 해 주지 못하면 안경으로 교정을 하게 됩니다.

■ 눈의 구조

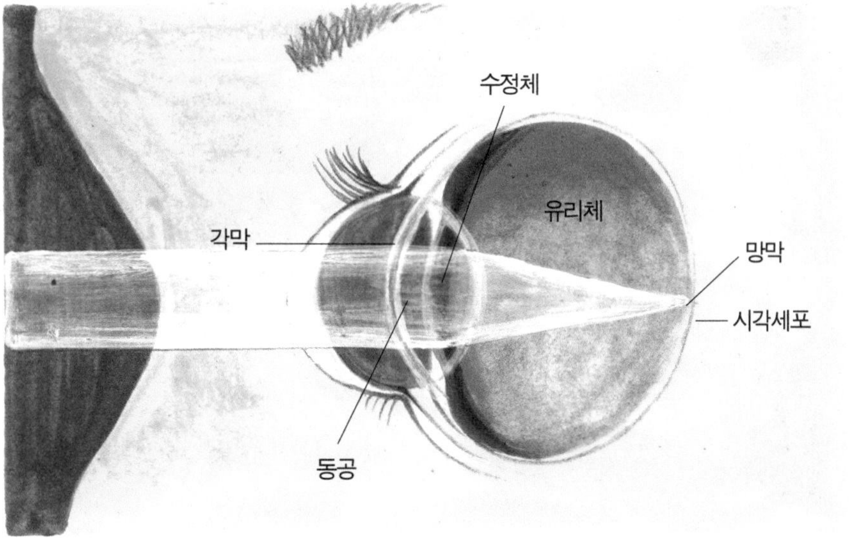

빛이 수정체를 지나면 '유리체'라는 하얀 눈동자 부분을 지나 망막에 도착합니다. 망막은 눈의 가장 안쪽에 위치해 있고, 그 주위에는 시각세포들이 대기하고 있답니다. 이 시각세포들에 빛이 닿으면 뇌에서 우리가 물체를 보고 있고, 이 물체가 무엇인지 판단하게 됩니다.

이 시각세포들은 두 가지 종류가 있습니다. 원뿔 모양의 '원추세포'와 막대 모양의 '간상세포'예요. 원추세포는 색을 알아볼 수 있게 해 주는 세포예요. 어떤 물체가 빨간색인지 파란색인지 알아볼 수 있도록 해 주지요. 간상세포는 물체의 모양과 움직임을 알아볼 수 있도록 해 줍니다.

이 시각세포들이 제 기능을 다하지 못하면 우리는 사물을 제대로 볼 수 없어요. 특히 원추세포가 제 기능을 하지 못하는 경우를 '색맹'이라고 해요. 색맹은 보통 빨간색과 초록색을 구별하지 못합니다. 우리나라 남자 100명 중 6명이 색맹이라고 하니 굉장히 많은 편이지요?

여러 동물의 눈

나비나 벌 같은 곤충들은 사람들이 보지 못하는 자외선을 본답니다. 뱀은 적외선을 감지해 먹이를 잡을 수 있어요. 반면 고양이나 개, 소 같은 동물들은 색을 잘 구분하지 못합니다.

강아지의 눈은 원추세포가 부족해서 색을 잘 구별하지 못한다.

사람이 가장 좋아하는 애완동물인 강아지는 주인을 알아보고, 꼬리를 흔들고, 모르는 사람이 오면 마구 짖습니다. 그렇다면 강아지도 사람처럼 모든 물체의 색과 운동을 볼 수 있을까요?

그렇지 않습니다. 강아지의 눈에는 간상세포에 비해 원추세포가 매우 부족해요. 색을 구별하는 원추세포가 부족한 강아지는 세상이 온통 흑백으로 보인답니다. 그렇기 때문에 눈이 오면 좋아서 날뛰는 거예요. 어두컴컴한 세상에 하얗고 반짝이는 눈이 내리면 강아지가 보기에 정말 예쁜 모습이겠지요.

개구리의 눈도 특이합니다. 개구리는 움직이지 않는 물체를 볼 수가 없어요. 안개가 끼었을 때 밖에 나가 본 적 있나요? 안개가 많이 끼면 뿌옇게 흐려서 한 치 앞도 구별이 잘 안 되는데, 개구리가 보는 세상이 그렇습니다. 사물이 잘 구별되지 않고 뿌옇게만 보이지요.

곤충의 눈은 작은 홑눈들이 모여 이루어진 겹눈으로 되어 있다.

하지만 다행히도 움직이는 물체는 잘 볼 수 있어서, 날아다니는 곤충을 빠른 속도로 잡아먹을 수 있답니다. 뿌옇기만 하던 풍경에 빠르게 지나가는 곤충이 보이면 바로 낚아챌 수 있겠지요.

곤충도 개구리와 비슷해요. 거의 모든 곤충은 눈이 겹눈으로 이루어져 있어요. 겹

낮에 활동하는 매의 눈에는 원추세포가, 밤에 활동하는 올빼미의 눈에는 간상세포가 많다.

눈이란, 작은 홑눈들이 모여서 하나의 눈을 이루는 것을 말해요. 작은 홑눈들이 물체의 정보를 모아서 그것을 하나로 인식하는 것입니다. 아주 큰 현수막을 만들 때도 작게 인쇄한 여러 개의 천을 연결해서 하나로 만들지요? 곤충의 눈도 그런 식으로 사물을 본답니다. 그렇기 때문에 곤충이 보는 세상은 마치 모자이크 처리된 것처럼 뚜렷하지가 않아요.

하지만 사물의 움직임은 잘 구별할 수 있어요. 그래서 우리가 파리채로 파리를 잡으려고 하면 금방 알고 도망간답니다. 자신에게 다가오는 것이 파리채인지 사람 손인지 구별할 수 없을 뿐이에요.

동물은 낮에 생활하는 주행성 동물, 밤에 생활하는 야행성 동물이 있어요. 매는 주행성 동물로, 낮에 하늘을 날면서 사냥을 하지요. 멀리 있는 먹잇감을 뚜렷하게 구별할 수 있어야 하기 때문에, 매의 눈은 색을 알아볼 수 있게 해 주는 원추세포를 많이 가지고 있어요. 하지만 매는 원추세포만 너무 많이 가지고 있기 때문에 밤에는 거의 아무것도 볼 수 없답니다.

매와 반대로 밤에 생활하는 부엉이나 올빼미는 어떨까요? 밤에 생활하는 올빼미는 작은 빛도 흡수할 수 있도록 큰 동공을 가지고 있답니다. 그리고 원추세포보다는 물체의 모양과 움직임을 볼 수 있게 해 주는 간상세포가 많아 어둠 속에서도 사물의 움직임을 잘 볼 수 있어요.

박쥐는 시력이 거의 퇴화되어서 눈으로 사물을 보는 대신 초음파를 쏘아서 앞의 물체를 감지합니다. 초음파는 빛의 한 종류로서 사람 눈에는 보이

박쥐는 눈으로 사물을 보는 대신 초음파로 물체를 감지한다.

뱀은 사람이 보지 못하는 적외선을 볼수 있다.

지 않는 파동이에요. 쏘아 보낸 초음파가 자신에게 되돌아오는 시간을 측정해 물체가 어느 위치에 있는지 알아차립니다.

박쥐와 비슷하게 뱀은 적외선을 볼 수 있어요. 사람은 가시광선 영역만을 볼 수 있는데, 뱀은 사람보다 넓은 영역을 볼 수 있지요. 사람 몸에서는 적외선이 나오기 때문에 뱀은 우리의 옷을 뚫고 안까지 볼 수 있습니다.

TIP 요건 몰랐지?

미생물은 빛을 볼 수 있나요?

유글레나 같은 단세포 생물은 눈이 없는데 어떻게 빛을 감지할 수 있을까요? 유글레나의 몸 안에는 붉은색의 작은 점이 있어요. 작은 입자들 20~30개가 모여서 이루어진 이 점은 편모 옆에 붙어 있답니다. 편모는 운동을 하기 위한 꼬리 같은 부위예요. 그 옆에 붉은색의 '안점'이 있는데, 이것이 바로 빛을 감지할 수 있도록 도와준답니다.

이 안점은 유글레나 외에도 녹조식물인 파래, 바다에서 볼 수 있는 해파리, 불가사리에서도 볼 수 있어요. 비록 눈은 없지만 다른 방법으로 빛을 찾아간답니다.

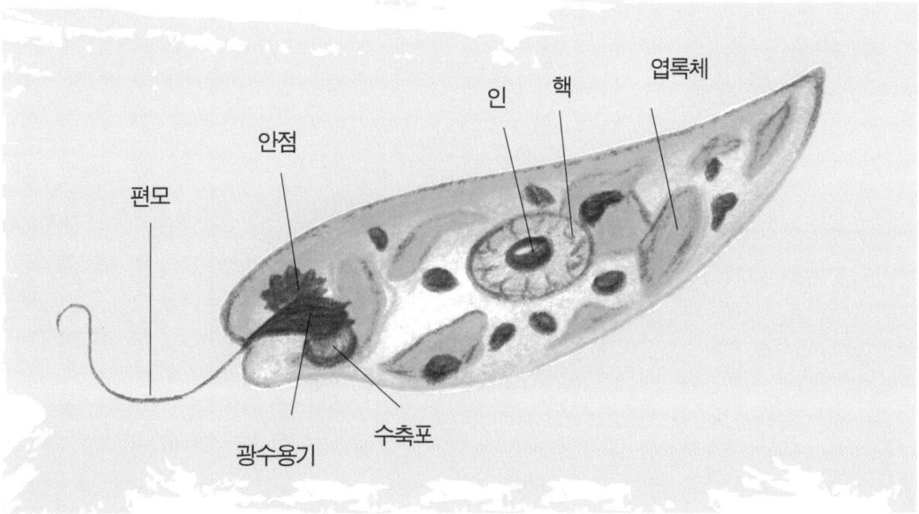

유글레나는 안점을 통해 빛을 감지한다.

Q&A 꼭 알고 넘어가자!

문제 1 사막여우는 귀가 크고, 북극여우는 귀가 작습니다. 그 이유는 무엇일까요?

문제 2 강아지는 간상세포에 비해 원추세포가 부족해서 세상이 온통 흑백으로 보입니다. 간상세포와 원추세포는 무엇인가요?

3. 눈으로 사물을 보는 대신 초음파를 쏘아서 물체를 감지합니다. 초음파는 빛의 한 종류로서, 사람 눈에는 보이지 않는 파동입니다. 쏘아 보낸 초음파가 자신에게 되돌아오는 시간을 측정하여 물체가 어느 위치에 있는지 알아차립니다.

문제 3 박쥐는 시력이 거의 퇴화하여 눈으로 사물을 볼 수 없습니다. 그렇다면 박쥐는 어떻게 물체를 감지하나요?

정답

1. 사막은 빛을 많이, 그리고 강하게 받는 지역입니다. 사람은 더우면 피부를 통해 땀이나 열을 내보내는데, 사막여우도 몸속의 열을 밖으로 내보내기 쉽도록 큰 귀를 갖게 되었습니다. 반대로 북극여우 귀가 작은 이유는, 귀가 크면 열을 쉽게 빼앗겨 추운 곳에서 살기 힘들기 때문입니다.

2. 시신경의 세포에는 두 가지 종류가 있습니다. 바로 원추세포와 간상세포입니다. 원추세포는 색을 알아볼 수 있게 해 주는 세포여서 물체가 빨간색인지 혹은 파란색인지 구별하게 해 줍니다. 이 원추세포가 제 기능을 하지 못하는 것을 색맹이라고 합니다. 간상세포는 물체의 모양과 움직임을 알아볼 수 있도록 하는 세포입니다.

관련 교과

초등 6학년 1학기 1. 빛

중학교 2학년 5. 빛과 파동

4. 우리 생활 속의 빛

빛은 우리가 살아가는 데 없어서는 안 될, 매우 중요한 존재입니다. 그래서 빛에 대한 연구는 계속 진행되어 왔어요. 빛의 여러 성질이 밝혀졌고, 그것을 우리 생활에 좀 더 편리하게 이용할 수 있는 방법들이 발명되었답니다. 빛의 어떤 성질이 어떤 곳에 이용되고 있는지 알아봅시다.

전반사를 이용해요

2장에서 배운 전반사를 기억하고 있나요? 전반사는 몇 가지 조건이 맞을 때만 일어난다고 했습니다. 우선 빛이 물에서 공기로 진행할 때처럼 입자가 빽빽한 곳에서 덜 빽빽한 곳으로 진행할 때 일어납니다. 그리고 입사각을 점점 크게 해서 굴절각이 90도 이상이 되었을 때 전반사가 일어나지요. 빛은 이렇게 다른 매질을 만나면 굴절해서 진행하는데, 전반사가 일어난다는 것은 다음 매질로 넘어가는 빛이 하나도 없고 다시 원래의 매질로 돌아

■ 전반사 프리즘

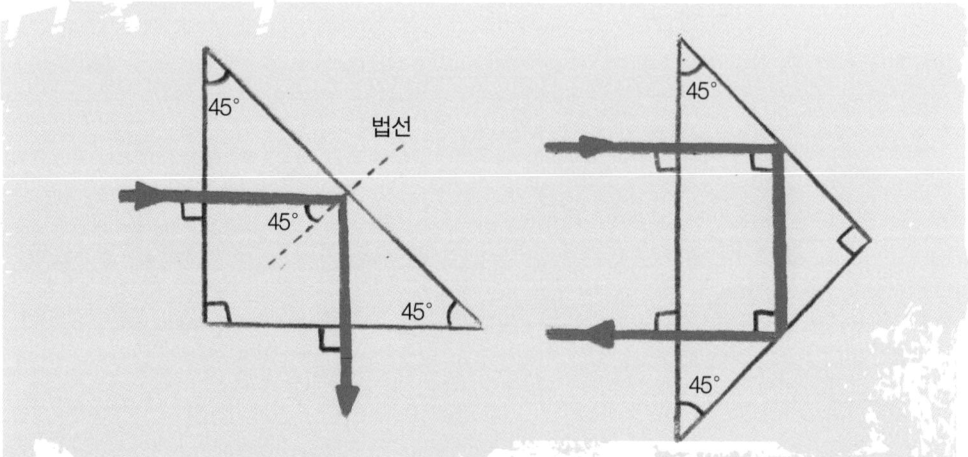

빛을 잃지 않으면서 빛의 진행 경로를 바꾸려고 할 때, 직각이등변삼각형의 전반사 프리즘을 이용한다. 유리의 임계각은 45도보다 작으므로 빛의 진행 방향을 90도 또는 180도로 바꿀 수 있다.

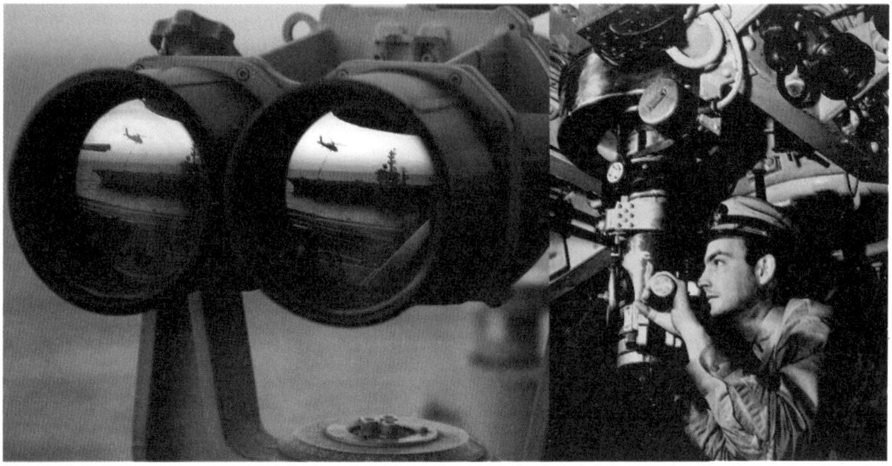

전반사 프리즘은 쌍안경이나 잠망경 등 우리 생활 여러 곳에 쓰인다.

오게 된다는 뜻입니다. 이러한 성질은 우리 생활에 많은 도움을 주고 있습니다.

전반사를 가장 흔하게 볼 수 있는 것은 전반사 프리즘이에요. 단면이 직각이등변삼각형인 프리즘에 빛을 비추면 전반사가 일어나서 빛을 하나도 잃지 않고 방향만 바꿀 수 있어요. 그래서 빛의 방향을 바꿀 때 전반사 프리즘을 사용한답니다.

전반사 프리즘은 쌍안경이나 잠망경 같은 곳에 아주 유용하게 쓰여요. 전반사 프리즘을 발견하지 못했을 때에는 거울을 사용했어요. 하지만 거울은 빛을 100% 반사하지 못한답니다. 그렇기 때문에 받아들인 빛의 정보를 눈으로 완벽하게 보내 주지 못해요. 전반사 프리즘을 이용하면 빛을 100% 보낼 수 있어서 정확한 정보를 볼 수 있습니다.

'광섬유'는 전반사가 이용되는 예 중 우리와 가

광섬유

빛을 전파하는 가는 실 모양의 섬유예요. 보통 유리나 실리콘 등으로 만드는데, 빛을 이용하여 정보를 전달하는 데 많이 쓰여요. 정보의 손실이 적고 외부의 영향을 받지 않는 장점이 있답니다.

■ 광섬유의 구조

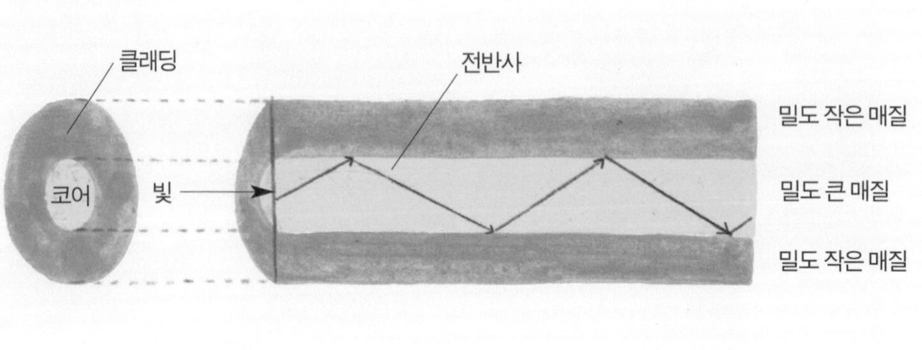

가장 관련이 깊어요. 섬유는 옷을 만드는 실을 말하는데, 광섬유는 매우 가는 실 모양의 유리를 말한답니다.

요즘은 인터넷의 속도가 매우 빠릅니다. 인터넷 선을 컴퓨터에 연결하면 그 선을 통해 정보를 교환할 수 있어요. 예전에는 인터넷으로 정보를 주고받을 때 구리선, 즉 전화선을 사용했어요. 하지만 이 선을 사용하면 정보가 새어 나가는 경우가 많고, 속도도 매우 느렸답니다. 이러한 문제를 해결해 준 것이 바로 광섬유예요.

광섬유. ⓒ Deglr6328@the Wikimedia Commons

광섬유를 다발로 모아 놓은 것을 '광케이블'이라고 합니다. 이것이 우리가 인터넷을 빠르게 사용할 수 있도록 해 줍니다. 광섬유는 밀도가 다른 두 개의 유리로 덮여 있는 형태로 만들어졌기 때문이에요. 겉유리는 '클래딩'이라고 부르고, 속유리는 '코어'라고 부릅니다. 전반사는 밀도가 큰 매질에서 작은 매질로 진행할 때 일어나지요. 그렇기 때문에 속유리인 코어는 더 빽빽하게 구성된 유리로, 겉유리인 클래딩은 덜 빽빽한 유리로 만들어진답니다. 그래서 빛에 정보를 담아 코어 쪽에서 전반사가 일어날 수 있는 각도로 쏘아 주면 클래딩 쪽으로 정보가 새어 나가지 않고 코어를 따라 빛이 진행됩니다.

이렇게 광섬유를 사용하면 빠른 속도로 정보를 전달할 수 있어요. 빛은 진공 상태에서 1초에 지구를 일곱 바퀴 반을 돌 수 있을 정도로 빠르니까요. 빛은 유리 안에서도 엄청난 속도로 전달된답니다. 거기에다 정보까지 새어 나가지 않으니, 이보다 좋은 인터넷 선은 없겠지요?

하나의 파장만을 갖는 레이저

레이저 쇼를 본 적 있나요? 레이저 쇼를 할 때 사용하는 빛은 보통의 빛과 조금 다르답니다. 보통의 빛은 어떻게 진행하나요? 빛은 직진성이 있지만 공기 분자들 때문에 산란되고 퍼지면서 점점 약해지고 진행 반경도 커집니다. 하지만 레이저는 멀리까지 나가도 빛이 약해지거나 퍼지지 않습니다.

레이저는 사람이 만들어 낸 빛입니다. 우리가 아는 대부분의 빛은 여러 가지 파장이 섞여 있는 상태예요. 우리 눈으로 볼 수 있는 빛인 가시광선도 빨·주·노·초·파·남·보 색깔에 따라 각각 파장이 다르지요. 하지만 레이저

레이저는 사람이 만들어 낸 빛으로 한 가지 파장만 갖는다.

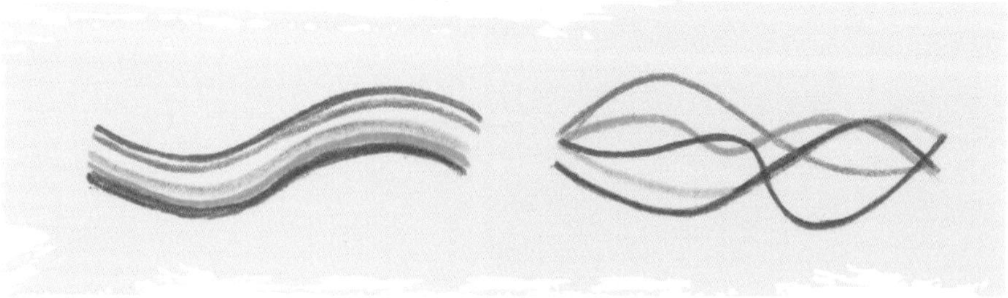

똑같은 모양의 철사를 한군데 포개 놓으면 더 큰 힘을 받을 수 있다.

는 한 가지 파장의 빛만 나온답니다.

파장이 모두 같은 빛이다 보니 프리즘을 통과시켜도 빛이 분산되지 않아요. 분산이 일어나는 이유가 파장에 따라 굴절하는 정도가 다르기 때문이라고 했지요? 하지만 파장이 같은 빛을 쏘아 주기 때문에 모두 굴절하는 정도가 같게 되는 거예요. 따라서 분산되지 않고 한 줄기의 빛으로 나오게 된답니다.

또 같은 파장의 빛을 일정하게 쏘아 주기 때문에 빛의 세기가 강합니다. 서로 다른 모양의 철사들을 겹쳐 놓으면 모양이 겹쳐지지 않고 제각각이지요. 하지만 다 같은 모양의 철사를 포개면 완벽히 합쳐진답니다. 그러면 어느 쪽의 힘이 더 셀까요? 완벽히 포개진 철사가 힘이 세겠지요? 마찬가지로 레이저도 같은 파장의 빛들이 완벽히 포개져서 진행하기 때문에 강한 빛이 뻗어 나갈 수 있어요.

레이저는 한 가지 파장만 갖기 때문에 굴절시켜도 분산되지 않는다. ©Stéphane Magnenat (Stéphane Magnenat@flickr.com)

레이저는 여러 곳에서 사용됩니다.

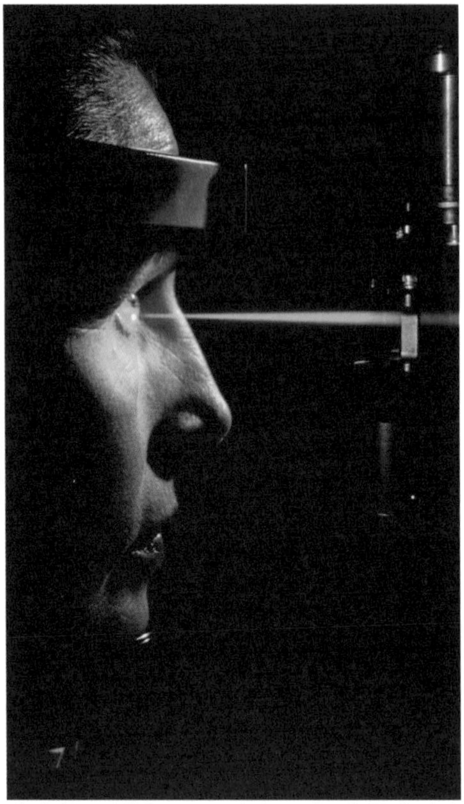

레이저는 의학용으로도 많이 쓰이는데 특히 안과 수술처럼 미세한 부분을 잘라 내야 할 때 유용하다.

선생님들이 수업할 때 지시 포인터로 쓰는 경우도 있어요. 빨간 빛으로 곧게 뻗어 가기 때문에, 멀리서도 가리키고 싶은 곳에 빛을 쏠 수 있지요. 또한 의학 분야에서도 레이저를 사용해요. 지시 포인터로 쓰이는 레이저보다 강한 레이저를 사용한답니다.

레이저는 사람이 만든 빛이기 때문에 세기를 조절할 수 있어요. 아주 강하게 내보내면 금속을 자를 만큼의 센 빛이 나가요. 그래서 의학 분야에서도 미세하게 잘라 내는 시술을 할 때에는 레이저를 사용해요. 안과 수술같이 예민한 눈을 다루는 경우, 칼로 하는 것이 오히려 위험하기 때문에 레이저를 이용해 수술한답니다.

휴대전화와 배터리에 사용되는 빛, LED

우리가 살아가는 데는 햇빛도 중요하지만 인공으로 만들어 낸 빛들도 중요해요. 레이저도 우리 생활에서 많이 사용되지만, 보통 밤이 되면 사용하는 형광등을 대신하여 사용할 조명으로 'LED(light emitted diode)'라는 것이 주목받고 있답니다.

LED는 발광다이오드라고 하는데, 우리가 휴대전화 배터리를 충전할 때 충전이 다 되지 않으면 빨간색, 다 되면 초록색 빛을 내는 부분이 바로 이 LED로 만들어진답니다. 처음에는 이렇게 신호를 나타내는 정도의 빛만 만들어 낼 수 있었지만, 지금은 실내등으로 쓸 수 있는 LED가 개발되었습니다. LED의 최대 장점은 소형으로 만들 수 있고, 수명이 길며, 작은 전기에너지로도 형광등과 같은 조명의 빛을 낼 수 있다는 것입니다.

조명으로 사용할 수 있는 LED 램프.

LED는 소형으로 만들 수 있고, 여러 가지 색을 낼 수도 있다. ⓒ Afrank99@the Wikimedia Commons

얇은 판에 많은 정보를 기록해요

'CD(compact disc)'로 만들어진 사전을 본 적 있나요? 예전에는 정보를 종이에 기록해 책으로 만들어 보관했어요. 하지만 많은 양의 정보를 책에 담으면 부피가 커지고, 또 중요한 정보를 담은 책의 관리를 잘하지 못하면 종이가 썩는 등의 불편한 점이 많았어요. 그래서 중요한 자료를 좀 더 간편하고 안전하게 보관할 수 있는 방법을 찾기 시작했고, 그 방법으로 '광기록 매체'가 발명되었습니다.

광기록 매체란 빛으로 기록하는 매체라는 뜻입니다. 바로 레이저를 이용해 정보를 기록하는 것이지요.

광기록 매체의 대표적인 것으로는 CD가 있어요. CD는 가수들의 음악을 넣기도 하고, 책을 넣을 수도 있는 저장 장치예요. CD에 정보를 담는 방법은 CD판에 레이저로 홈을 파서 기록하는 것입니다. 작은 홈으로 정보를 기록해 두고 재생하고 싶을 때에는 재생 장치에 CD를 넣고 다시 약한 레이저를 쏘아 주면 빛이 그 홈으로 인해 반사도 하고 흩어지기도 해요. 이런 빛의 신호를 받아들여 우리에게 정보로 재생해 줍니다.

CD에 빛을 비추어 보면 여러 가지 색이 보이는데, 이것은 레이저가 여러 개의 작은 홈을 파서 정보를 기록했기 때문이에요. 빛이 그 홈에 비치면 여러 각도로 반사되어 나와 우리 눈에 보입니다. 그래서 CD를 이리저리 움직

광기록 매체의 발명으로 예전에는 상상할 수조차 없던 엄청난 양의 정보를 얇은 판 하나에 저장할 수 있게 되었다. 흔히 많이 쓰이는 CD와 DVD는 크기와 모양이 비슷하지만, DVD가 CD에 비해 더 짧은 파장의 레이저를 사용하며 더 많은 양의 정보를 담을 수 있다.

일 때마다 여러 색이 보이는 거예요.

이런 광기록 매체에는 CD 이외에도 DVD(digital video disc), LD(laser disc)가 있어요. 처음에 발명된 광기록 매체는 한 번 기록하면 다시 사용할 수 없었어요. 하지만 요즘은 정보를 기록했다 지울 수도 있고, 용량도 커져서 많은 양의 정보를 기록할 수 있게 되었답니다.

Q&A 꼭 알고 넘어가자!

문제 1 우리는 광섬유 때문에 빠른 속도로 인터넷을 이용할 수 있어요. 광섬유는 어떻게 인터넷의 속도를 빠르게 해 줄까요?

문제 2 레이저는 멀리까지 나가도 빛이 퍼지거나 약해지지 않아요. 그 이유는 무엇일까요?

3. 대표적인 광기록 매체는 CD입니다. CD에 정보를 기록하는 방법은 CD판에 레이저로 홈을 파서 기록하는 것입니다. 작은 홈으로 정보를 기록해 두고 재생하고 싶을 때 재생 장치에 넣고 다시 약한 레이저를 쏘아 주면 빛이 그 홈으로 인해 반사도 하고 흩어지기도 합니다. 이런 빛의 정보를 받아들여 재생하는 것이지요.

문제 3 광기록 매체의 대표적인 물건으로는 무엇이 있고, 또 어떻게 빛으로 정보를 저장할 수 있는지 설명해 봅시다.

정답

1. 광섬유가 두 개의 유리가 덮여 있는 형태로 만들어졌기 때문이에요. 속유리인 코어를 더 빽빽하게 구성된 유리로, 겉유리인 클래딩을 덜 빽빽한 유리로 만들어, 정보를 전반사가 일어날 수 있는 각도로 쏘아 주면 정보가 새어 나가지 않고 코어를 따라 진행될 수 있어요.

2. 레이저가 멀리까지 나가도 빛이 퍼지지 않는 이유는, 레이저는 한 가지 파장만 갖고 있기 때문입니다. 따라서 프리즘을 통과시켜도 빛이 분산되지 않고 한 줄기의 빛으로 나옵니다. 또 레이저가 멀리까지 나가도 빛이 약해지지 않는 이유는, 같은 파장의 빛을 일정하게 쏘아 주기 때문입니다. 같은 파장의 빛들이 완벽하게 포개져서 진행하기 때문에 빛이 강하게 뻗어 나갈 수 있어요.

우리나라 어린이·청소년들의 제2의 교과서!

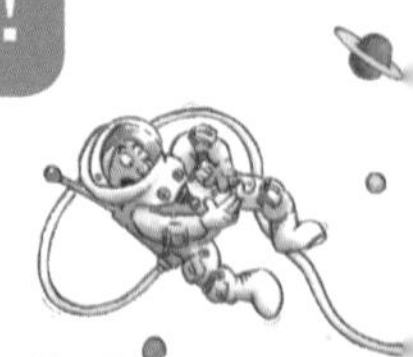

앗! 시리즈 드디어 150권 완간!

1999년부터 시작된 〈앗! 시리즈〉의 신화가 2011년 드디어 완성되었다.
즐기면서 공부하라, 〈앗! 시리즈〉가 있다!
과학·수학·역사·사회·문화·예술·스포츠를 넘나드는 방대한 지식!
깊이 있는 교양과 재미있는 유머, 기발한 에피소드까지, 선생님도 한눈에 반해 버렸다!
교과서를 뛰어넘고 싶거든 〈앗! 시리즈〉를 펼쳐라!

1 수학이 수군수군
2 물리가 물렁물렁
3 화학이 화끈화끈
4 수학이 또 수군수군
5 우주가 우왕좌왕
6 구석구석 인체 탐험
7 식물이 시끌시끌
8 벌레가 벌렁벌렁
9 동물이 뒹굴뒹굴
10 바다가 바글바글
11 화산이 왈칵왈칵
12 소리가 속삭속삭
13 진화가 진짜진짜
14 꼬르륵 뱃속여행
15 두뇌가 뒤죽박죽
16 번들번들 빛나리
17 강물이 꾸물꾸물
18 전기가 찌릿찌릿
19 과학자는 괴로워
20 수학이 자꾸 수군수군 ①셈
21 공룡이 용용 죽겠지
22 수학이 자꾸 수군수군 ②분수
23 질병이 지끈지끈
24 컴퓨터가 키득키득
25 폭풍이 푸하푸하
26 사막이 바싹바싹
27 수학이 자꾸 수군수군 ③확률
28 지진이 우르쾅쾅
29 높은 산이 아찔아찔
30 파고 파헤치는 고고학
31 시간이 시시각각
32 유전이 요리조리
33 오락가락 카오스
34 감쪽같은 가상 현실
35 블랙홀이 불쑥불쑥
36 번쩍번쩍 빛 실험실
37 우르쾅쾅 날씨 실험실
38 움찔움찔 감각 실험실
39 지구가 지글지글
40 생물이 생긋생긋
41 수학이 순식간에
42 원자력이 으샤으샤
43 우주를 향해 날아라
44 돌고도는 물질의 변화
45 전기 없이는 못 살아
46 지구를 구하는 환경지킴이
47 우리 조상은 원숭인가요
48 놀이공원에 숨어 있는 과학
49 빛과 UFO
50 자석은 마술쟁이
51 이왕이면 이집트
52 그럴싸한 그리스
53 모든 길은 로마로
54 혁명이 후끈후끈
55 아슬아슬 아스텍
56 바이바이 바이킹
57 켈트족이 꿈틀꿈틀
58 들썩들썩 석기시대
59 잉카가 이크이크
60 사랑해요 삼국시대
61 하늘빛 한국신화
62 고려가 고마워요
63 새록새록 성경이야기
64 끄덕끄덕 그리스신화
65 새콤달콤 셰익스피어 이야기
66 뜨끔뜨끔 동화 뜯어보기
67 아찔아찔 아서왕 전설
68 아른아른 아일랜드 전설
69 부들부들 바이킹 신화
70 카랑카랑 카이사르
71 불끈불끈 나폴레옹
72 자동차가 부릉부릉
73 환경이 욱신욱신
74 방송이 신통방통
75 동물의 수난시대
76 연극이 희희낙락
77 비행기가 비틀비틀
78 영화가 얼레꼴레
79 세상에 이런 법이!
80 건축이 건들건들
81 패션이 팔랑팔랑
82 미술이 수리수리
83 꾸벅꾸벅 클래식
84 팝뮤직이 기타등등
85 올록볼록 올림픽
86 와글와글 월드컵
87 야구가 야단법석
88 영차영차 영국축구
89 만화가 마냥마냥
90 씽씽 인라인 스케이팅
91 사이클이 사이사이
92 스르륵 스케이트보드
93 축구가 으랏차차
94 탱글탱글 테니스
95 골프가 굴러굴러
96 믿지못해 미스터리
97 웬일이니 외계인
98 종교가 중얼중얼
99 길이길이 기억해
100 별볼일있는 별자리여행
101 오싹오싹 무서운 독
102 에너지가 불끈불끈
103 태양계가 티격태격
104 튼튼탄탄 내 몸 관리
105 똑딱똑딱 시간 여행
106 미생물이 미끌미끌
107 이상야릇 수의 세계
108 대수와 방정맞은 방정식
109 도형이 도리도리
110 섬뜩섬뜩 삼각법
111 용감무쌍 탐험가들
112 빙글빙글 비행의 역사
113 알쏭달쏭 스도쿠
114 갈팡질팡 가쿠로
115 의학이 으악으악
116 노발대발 야생동물
117 좋아해요 조선시대
118 호수가 넘실넘실
119 오들오들 남극북극
120 온갖 섬이 들썩들썩
121 야심만만 알렉산더
122 별난 작가 별별 작품
123 쿵쿵쾅쾅 제1차 세계 대전
124 팡팡탕탕 제2차 세계 대전
125 우글우글 열대우림
126 종횡무진 시간모험
127 스릴만점 모험가들
128 위풍당당 엘리자베스 1세
129 와글와글 별별 지식
130 와글와글 별별 동식물
131 어두컴컴 중세 시대
132 위엄가득 빅토리아 여왕
133 대담무쌍 윈스턴 처칠
134 번뜩번뜩 발명가들
135 뜨끈뜨끈 지구 온난화
136 기세등등 헨리 8세
137 비밀의 왕 투탕카멘
138 별별생각 과학자들
139 생각번뜩 아인슈타인
140 해안이 꾸불꾸불
141 수학이 자꾸 수군수군 ④측정
142 수학 공식이 꼬물꼬물
143 상식이 두루두루
144 영문법이 술술술
145 최강 여왕 클레오파트라
146 수학이 꿈틀꿈틀
147 만능 천재 레오나르도 다 빈치
148 과학 천재 아이작 뉴턴
149 끔찍한 역사 퀴즈
150 소름 돋는 과학 퀴즈

닉 아놀드 외 글 | 토니 드 솔스 외 그림 | 이충호 외 옮김 | 각권 5,900원

★1999 문화관광부 권장도서
★1999 한국경제신문 도서 부문 소비자 대상
★2000 국민, 경향, 세계, 파이낸셜 뉴스 선정 '올해의 히트 상품'
★2000 문화일보 선정 '올해의 으뜸 상품'
★간행물윤리위원회 선정 청소년 권장도서
★서울시교육청 중등 추천도서(23권) 선정
★소년조선일보 권장도서 | 중앙일보 권장도서
★롱프랑 청소년 과학도서상 수상
★TES(The Times Educational Supplement)상 청소년 교양 부문 수상

주니어김영사 www.gimmyoungjr.com | 어린이들의 책놀이터 cafe.naver.com/gimmyoungjr | 031-955-3139